蔡东伟◎著

社会发展中的
距离逻辑及关系动力

The Distance Logic and Relation Power
in the Social Development

社会科学文献出版社
SOCIAL SCIENCES ACADEMIC PRESS (CHINA)

内容摘要

人的现实存在是一种有距离性（如时间距离与空间距离）的存在。社会实践的发生以距离的产生为基础，也即那些成为人的观照对象的存在，总是和人们的生存现实联系在一起而有距离的或在能把握的距离的极限之内的被超越了的存在。显然，只有当人们超越对象的距离的时候，人们才能将其作为反思与观照的实践对象，实践关系才成为可能。因此，有距离的存在，是人对现实的社会实践占有的表现，而社会距离使人从自然以及从类中分化出来，成为社会主体。这样，人的存在才是一种对象化存在。

一切现实的存在都是一个"关系总体"。在社会实践范畴中，"关系动力"是由距离关系中的"差别与联系"（或关系的分分合合）所激励的一种动力梯度。社会实践的跨距离特性决定它可以形成一种包含大距离、大的梯度，能激励产生强大"关系动力"，形成有序发展格局的结构分岔。因此，在社会发展中对"距离逻辑"的有效应用可以促使各相关关系动力要素全面协调、合理互动，实现有机多元动力组合，形成良好的关系动力过程。

信仰，这一概念标志着它与现实的一种距离关系动力分割的性质，理想的信仰距离关系必须与主体有一定的距离关系差异，表明了一种对事理的真实和心灵的真实的距离关系分割规定。

信仰文化是一个距离分层、文化群落，是信仰与文化的关系动力形态。任何主流信仰文化都是作为一大距离性存在，在一个比较规范的文化群结构中，主流信仰文化要处于其距离关系动力网络的顶端。信仰文化的价值实效性具有一种距离关系的强作用，就是差别最大、联系最紧的作用，以主体自觉的距离逻辑、关系动力为基础。信仰文化的建构就是为了获得更大的关系动力，即要通过对存在的距离分割合理调控信仰文化距关系形成的动力，实现对距离差异关系的弥合。

在生态文明视域下，如果社会发展缺少"生态"的维度，必定是残缺不全的。从生态文明建设的理念与实践出发，信仰是有层次和境界的。非生态的信仰，从信仰文化价值实效性来看，是非长久的、非完型意义的、浅表层面的信仰。而生态信仰关涉到人类与其生存环境的永续存在和发展本身，与其他形态的信仰相比，当属一种高层次的、高境界的合理形态。这就决定了社会发展必须以合理的信仰文化为导向。所以，生态信仰文化价值的实效是促进社会全面发展的重要手段，应是社会全面发展的重要内容。生态信仰文化的构建应自觉找到社会信仰文化与科学发展、社会进步之间的内在距离关系，建立起生态信仰文化价值与生活世界的关系动力机制。

本书的特点是把基础理论研究与应用研究结合起来。在基础理论研究方面，一是提出"距离"与"关系"两大范畴是社会发展问题研究的创新视角。主要内容包括对社会距离和距离逻辑、关系动力生态和社会交往关系动力等问题的研究。二是着重提出"生态信仰文化"概念，并从"距离逻辑"和"关系动力"的视角深入研究了这一社会发展的动力维度。主要内容包括对信仰文化、生态文明与生态信仰文化的关系，以及生态信仰文化的建构、培育及价值实效等的理论研究。在应用研究方面，基于对社会发展中的"距离""关系动力"理论的研究，对社会发展中的关键主题，如社会舆情信息的传播与引导、社会治理创新、生态发展的权利与诉求、生态乡村建设、城镇化与循环经济等问题进行思考。

根据研究内容关联度，本书整体布局分为上、下篇。上篇是对社会发展中的"距离"与"关系"范畴的展开研究，以及对社会舆情和社会治理问题的探讨。下篇是对生态信仰文化概念及其相关内容的深入研究，以及对生态发展、生态乡村建设等问题的思考。

本书是从哲学、社会学视角对社会发展问题的基础理论研究及其应用的探讨，适合相关专业研究生学习辅助使用，也可供党政机关干部阅读参考，其他相关爱好者也能从本书中获得有益的启发。

CONTENTS 目 录

1

上　篇

距离：社会发展研究的创新视角

导　论

一　社会发展：安全与利益

社会发展，具有改造世界的特定目标，即无不体现人们的利益与安全的判断与选择。对于不同的国家、集团、民族来说，安全与利益维度是始终的核心指向，每种社会发展的诉求都包含一种安全与利益特质，产生特定的文化选择、价值取向和权力格局等。

社会发展产生的巨大功利，满足了人们求利的需求。在社会发展过程中，追求自身利益最大化是自然赋予人的本性。当前，社会发展利益向三个关系层面展开：一是涉及社会发展中的个体利益问题；二是着重于企业利益、行业利益、协会利益、区域利益；三是国家关系层面上的政策利益、制度利益、政府行为利益，以及国际社会发展关系利益。然而，社会发展与资本的联姻越来越紧密，对资本增值需求的无限扩张，不断刺激着新产品的问世，创造出巨大的商业利益，使资本迅速增值。在资本驱动下人们把自然看做剥夺的对象，大肆捕杀珍稀动物，虐杀野生物种，从而攫取巨额的商业利益，对社会和自然生态造成极其不利的影响。

特别需要指出，科学技术的发展和科技在人类社会生产中的应用，为人类社会创造了大量的物质财富，大大推进了人类文明发展的历史进程。然而在当今社会，高科技逐渐变得令人胆战心惊，在近现代的社会发展系统中，由于机器等新的社会发展工具的出现，人在社会发展过程中的参与程度越来越低，社会发展的手段越来越独立于人的能力控制，社会发展具备了某种自律自为的力量。这将会给人类的自主带来挑战，科学技术不受限制地推进正成为最重要的生态风险源。

可以说，在社会发展过程中，相信人类依靠科技发展能够战胜各种困难，摆脱困境。如对自然力的征服，机器的采用，化学在工业和农业中的应用，轮船的行驶，铁路的通行，电报的使用，整个大陆的开垦，河川的通航，成为马克思所感叹的强大的社会生产力。[①] 然而，就社会发展来说，科学技术在给人类创造福祉的同时，也给人类制造了无休止、不可逆的风险，当人类社会在利用科技和工业力量改变地球时，自然界也给予人类社会以强烈的报复，当今人类正陷入一场深重的发展的异化之中，或者说社会发展的不确定性越来越大。无疑，人们加强对自然和人类的剥削，造成了社会发展的异化。同时，社会发展逐渐成了资本利益的实现者，在社会发展带来利益的同时也潜藏着安全隐患，如经济安全隐患、文化安全隐患、生态安全和道德安全隐患等。这些都在一定意义上给人类带来巨大的社会发展安全问题。

当前社会发展中的异化和负面影响已日益受到极大的关注。比如，原子弹、汽车、DDT和化肥、电话、飞机、电脑、转基因食品和放射物等。

黑格尔把异化看做人类生活中永恒的和不可消除的范畴。美国著名心理学家弗洛姆指出："在科技高度发达的现代工业社会，人的本性受到了极大的摧残和压制，人不再是自然的人，而变成了一架'没有思想，没有感情的机器'，人作为生产机器的一个齿轮，成了物而不再为人，这种现象称之为'异化综合征'。"[②] 马克思指出的所谓异化，是指劳动产品作为一种异己的对象同劳动者相对立，他说："劳动所生产的对象，即劳动的产品，作为一种异己的存在物，作为不依赖于生产者的力量，同劳动相对立"，[③] 异化不仅表现在结果上，而且表现在生产行为中，表现在生产活动本身中。

这就是说，当代社会发展的成果本来是人的创造物，是为人类自身利益服务的，但人类在利用社会发展实现利益的同时，社会发展以一种异于人的自为存在，以相应的力量反过来控制自然、社会和人类，给自然、社会和人类安全带来危害，称之为社会发展的利益与安全的异化。它主要表

---

① 马克思、恩格斯：《共产党宣言》，人民出版社，1997，第32页。

② Erich Fromm, *The Revolution of Hope: Towards a Humanized Technology*, New York: Harper & Row, 1968, p. 41.

③ 《马克思恩格斯全集》第3卷，人民出版社，2002，第267页。

现在三个方面：社会发展对自然的异化、社会发展对人的异化和社会发展对社会的异化。就社会发展对社会的异化来说，由于社会发展的负面作用日渐突出，异化现象几乎占据了生活的所有领域并威胁到人类的自身安全，所以有人甚至否定社会发展的正面作用。

今天，利益与安全在社会发展与人的相互作用过程中不断展现开来，脱离人的安全与利益背景，对社会发展就不能做到完整意义上的理解。

现在，所有现代工业社会都处于十字路口，面临社会发展难题，诸如生态破坏、环境污染、资源枯竭、人口爆炸等。这些问题已不是一个地区、一个国家的问题，而是一个全球性的危机、人类的危机。这种危机在一定意义上源自人对自己的认识能力与改造世界的能力过于自信。人对于自己是否完全成为主体（Subject）、自我支配性、所作所为反省得不够，从而在社会、自然与人的关系中认为自己是世界的统治者、征服者，同时，又被自己行动的所谓"胜利"而陶醉和麻痹得太久了。这种陶醉和麻痹是不顾"自然、人与社会"三元生态关系发生什么变化的！更重要的是，人的欲望是很难得到充分满足并加以限制的。

当今生态发展，成为社会发展的有效载体与手段，要求建构新的生态利益观念及相应的安全行为方式，或者转向支持解放的应用的体现社会发展综合趋势的新道路，改变以人类自我为中心，以及在整个社会中表现为人类私利和私欲驱使下的社会发展方式。因而，要解决因社会发展异化而产生的问题，必然要从社会主体入手，在社会发展过程中对客体（Object）的构建要与人类这一社会主体密不可分、相辅相成。当社会发展真正与主体自身息息相关时，社会发展才不会在人的手中产生异化。

总之，社会发展的安全和利益都是真实的，社会发展的负面效应告诫人类：问题不在于是否已经改变世界，而在于怎样安全地改变世界。显然，社会发展在保障生命与生态安全的前提下才有价值，如果由社会发展带来的安全风险转变成现实的话，即便社会发展曾造福人类，也是一场灾难，是得不偿失的。因此，积极树立以利益与安全为指向的社会发展观可以化解矛盾和平衡各种复杂的矛盾关系，担负起保障人类健康和福利的责任。这一点，在社会发展的正负效应同时显现的世界必须加以正视。

二 社会发展的距离逻辑

"距离"是一个多维的概念。它首先是几何学的基本概念之一，是指空间上两点之间的间隔；地理学意义上的"距离"是指"两地在空间上相距的长度"；[①] 从历史的角度而言，则指时间上两个时刻之间的间隔；[②] 用在人际交往中，则既可指两人在身体或心理上的间隔，又可指对待某人的一种态度，即"人与人关系上的距离"；[③] 从科学、艺术和美学角度而言，"距离"作为一个认知范畴是指"为保持客观而在内心上对他人或物保持的间距"，是创造与欣赏美的一个基本原则，即"心理的距离"；[④] 从社会学角度而言，"距离"还可以指社会水平、文明程度以及重要性的差异。此外，"距离"的语义还延伸到了体育、天文学等领域。

从我们日常所用的词语中，如时间距离、空间距离、人际交往距离、心理距离、文化距离与社会距离等，就可以看出，距离范畴在无形中调节着生态、生存与生活，人们的每一种相互作用都是基于"建立距离"与"消除距离"的辩证之上的，并形成一定的"距离势力范围"。

因此，距离是人的活动的限度，也是一种力量，是人的本质力量对象化。"关系动力"，在很大程度上就是通过创造距离而得以实现的。对象化（距离的形成）是关系动力发生的基础，也是关系动力实现时的实际状态。也就是说，在人类活动中，社会主体意识和对象意识的形成造成最初的距离感，而超越需求满足的距离规定则使人类成为主体，使人类从自然中分化出来。关系动力价值就是跨距离走向接触，消除不同等位面上的距离阻隔。

人发展自己、实现自己，就是通过关系动力来发展自己、实现自己。人在改造世界的过程中改造自身的交往关系，使自己成为有自由自觉的自我意识的交往关系动力体而存在，人的交往能力越来越多地通过获得处理

[①] 中国社会科学院语言研究所词典编辑室：《现代汉语词典》（增补本），商务印书馆，2002，第685页。

[②] Thompson, D., *The Concise Oxford Dictionary*, 9th Edition, 外语教学与研究出版社, 1995/2000，第392页。

[③] 《德汉词典》，上海译文出版社，1987，第276页。

[④] 《辞海》（下），上海辞书出版社，1989，第5140~5141页。

距离能力而形成，距离以及距离的调节能力的高低是决定人能否实现交往关系动力的一个关键，也是交往实践能否发生的一个根本原因。

社会发展是具体的、历史的、变化的。因此，社会发展是有时间性和空间性距离的，比如地域性、民族性与历史性。同一要素，之所以会对古代社会实践与现当代社会实践、东方社会实践与西方社会实践产生不同的关系动力效应，其原因正在于"时间、空间"距离的变化导致产生不同的关系动力效应。

对关系动力的理解、解释和应用具有不可或缺的社会情境依赖性，也即关系动力不仅仅是外在的、客观的，有待发现，而是需要发明、建构与制造，是历史的和人格性的，都在与人的力量相互冲突中使其自身和人的力量得以显现。

社会发展都是在一定适当距离关系下实现的，距离逻辑模型为社会发展动力提供了理论与具体实践操作条件，社会发展也必然有其距离逻辑及关系动力依赖。社会发展安全的距离，要求发展主体必须和对象保持适当的距离，才能正确地解决这种"距离矛盾"，这是关系活动的关键。

在社会发展中，社会主体、社会客体以及社会中介（Intermediary）三元之间应保持一定的距离，距离的存在不仅是社会主体、社会客体及社会中介三元之间建立关系动力关系的前提，还是维持"三元关系"动力的必要条件。

社会中介是社会主体与社会客体的距离，在社会客体和社会主体两方面都存在距离的情况，表明社会发展需要社会中介环节，可以在社会主体与社会客体之间插入与弥合某种距离，实现主客体之间的交流和沟通，自我与对象融合为一。社会主客体之间关系动力强度如何，一定程度上由社会中介决定着。社会中介范畴更能揭示社会发展活动的特殊性，抓住社会发展中"三元一致"强关系动力的精髓。也就是说，社会环境与自然环境作为社会发展的中介有重要意义，或者社会主体与客体环境之间是相互依存、相互制约的关系，社会主体与社会客体仅仅作为一种在"三元一致"的距离关系动力中抽象和纯化的结果。

因此，距离的关系动力维度，即"三元一致"逻辑模型意味着可以通过距离中介来创造对真实存在的意义，社会发展是与社会主客体以及社会中介"三元关系"之间的特殊性互相吻合的关系动力程度成正比例的。社会有序、和谐发展要建立在人与自然、人与社会、人与人之间关系的和谐发展,也即社会主体与社会客体以及社会中介"三元关系"动力一致的基础上,只有最大限度地发挥关系生态链整体的作用,才能实现维护社会发展的安全与利益的目标。

在距离逻辑下,社会发展是由关系动力推动的。社会发展阶段是一定社会的、自然的距离结构和组织相联系的"标记"。对社会发展过程的安全与利益的距离分割,应该是基于不断增长达到某种离度临界值时的自然而然的结果,是系统在大势作用下的非平衡相变和非线性分岔。从根本上说,人与世界处于一种浑然一体的关系之中,社会关系动力实现了与社会发展中的距离弥合。社会发展的价值利益实效越高,表明价值实效是通过安全与利益的距离分割与弥合,跨距离走向接触,体现在提升距离关系的层次上,就是作用中包含巨大的距离关系,就是差别最大、联系最紧的作用,因而具有强大距离关系动力的作用。

从社会发展和演化的本质来看,每一种阶段都受一种力的支配,不同层次上距离关系的格式化,产生了不同层次上的阶段化、个性化。距离关系的不对称将产生不对易关系,而不对易关系将在深层次上导致"量子化"机制,增加了关系的不对易凸显,对社会发展过程安全与利益的距离分割的任何长远战略、细节、决策与执行都不可能是没有失效的。因此,社会发展进程的距离关系中介分割要基于社会发展,主体构架及未知探索融为一体,并使动力分割最大限度地无缝化。这样,距离关系中介分割基于整体距离,最远、最高的社会关系具有恒等元功能(如群集中的恒等元),它与关系群中的任一元素作用等于该元素,即社会群体中的每一个体都能得到最高社会关系动力的支持,包括距离关系最远的与最近的。在这样的距离关系空间中,随时随地根据实际情况灵活变通地应对各种关系,与环境能够在变化和社会发展中保持相对稳定的具有活力的存在,从而产生快速、高效的距离关系弥合速度。

关系动力的实效性从宏观上体现了人与自然、社会的相互关系与效用最大化,是人可以从某种视角进行理解并可能进一步加以操控的力量。在这种关系动力过程中,社会主体具有积极的能动作用,要处理好社会主客体，以及中介三元的距离关系，既不失之距离过近亦不失之距离过远。无论是在社会客体方面还是在社会主体方面，都各有两种失去距离的可能。社会客体方面的距离过远，社会发展易失去真实；距离过近，则失去了社会客体与人的生活和社会发展的区别。社会主体方面的距离过远，失去了社会主体的感性；距离过近，则把生活当成社会发展的社会客体。这里保持"恰当的距离"要社会主体从自己切身的利害关系中跳出来，在自己和社会客体与社会中介之间留出一定的距离，并在适当的距离上，把自己的关系动力客观化并实现于社会发展中。

可以说是社会主体性在支配着这种"距离"感的生成，是社会主体在调配着这种"距离"的远近，进而让社会客体本身对接受者产生社会主体上不同程度的影响，最终在社会发展中表现社会主体性与社会客体性的统一。用"三元一致"的强关系动力逻辑模型去处理自然、社会与人的距离关系，作为辩证法的具体应用可以为抑制距离的弥合与跨越所带来的副作用，解决我们面临的生存和发展问题提供有益的启发。

"三元一致"的距离逻辑以及关系动力具有时代性、历史性与科学性，就人与自然的关系依存于人类社会这一特点而言，它的价值主体性显而易见。实际上，当今社会发展中的科学精神和人文精神内在的一致性越来越被人们所认识，并在时代的发展中越来越为人们所自觉地推动，成为文化发展的历史潮流。正如马克思在一个半世纪之前所预料的那样："自然科学往后将包括关于人的科学，正像关于人的科学包括自然科学一样：这将是一门科学。"① 也正如乔治·萨顿所说："我们必须使科学人文主义化，最好是说明科学与人类其他活动的多种多样关系——科学与我们人类本性的关系。"② 因此，社会发展一方面要从感性中出来，另一方面又不能脱离感性的动力因素。若就人与自然的关系依存客观对象的特征而言，将其归结为客观存在的属性的话，那么它就是第一性的，不以人们的意识为转移的客观存在了，不是拒绝或无视人与自然关系活动所应负的社会责任，而是更加重视，包括限制科技的价值功能的发挥。

---

① 《马克思恩格斯全集》第 3 卷，人民出版社，2002，第 308 页。
② 乔治·萨顿：《科学的生命》，商务印书馆，1987，第 51 页。

这意味着人与自然的关系在社会发展中的客观化要经历一个观念化阶段，这是主观化的理由，但最终是客观的。人性自身的扩张调动一切可以调动的力量来不断推动和确立社会差异的发展，显示自己的社会差异身份，无度地炫耀性生产，需要无度地消耗物品，而无度的消耗又需要无度的社会发展。无度的社会发展根本就是一种浪费，给自然和人类自身施加巨大的负向影响。

社会发展状态一定意义上决定人的本质。我们要实现好的、有意义的社会发展。什么才能对社会发展提供有意义的前景呢？距离逻辑模型要求人们处理人与自然、人与社会、人与人之间的整体关系，保持安全的距离，构建一种安全的社会发展的利益状态与格局。它是社会发展共同体在社会发展产出活动中与社会客体相互作用和相互制约，共同体成员自身的观念和本质力量内化于社会发展的各种要素之中所形成的；是人们通过资本、资源、人力等多个复杂要素的组合，进行安全与利益的距离分割与弥合进而进行关系动力寻求，达到社会发展的总体利益最大化、社会发展正向价值的最大化、安全问题的最小化。也就是说，在现代社会中，对社会发展安全与利益关系评估应坚持动机论与后果论的统一，使社会发展的成果真正成为人的福音。这体现着以什么样的关系动力机制实现和维护社会发展的安全，体现着人类控制自然和改造社会的意志合理性和合目的性功能。因此，对任何一项社会发展的距离的跨越都应给予人文主义的关注，密切注视是否存在潜在的安全隐患。

科技是人与对象交往的一种方式。科技系统的发展是一个复杂的变化过程，科技提供了可能产生社会发展动力的基础，成为主客体矛盾调解的中介环节的存在，使人从自然中分化出来，成为有距离的、自主的和自觉的存在，成为社会主体。同时，人与认识和实践对象有一定的距离，如心与物之间、人与认识及实践对象之间应当保持一定的距离，这样才能使人摆脱功利的束缚，从极端实用世界中摆脱出来。因此，科技发展要有恰到好处的"距离极限"，认识到科技的风险并积极应对，对于人类以及生态发展具有至关重要的意义。

总之，安全与利益为关系动力所承载，恰当的距离是一切关系动力生成的逻辑，也是社会实践的原则。要正确理解和遵循关系动力中社会主体、社会客体和社会中介之间的距离逻辑模型，把社会发展的安全与利益目标与生态文明目标融为一体，在社会实践中重新建构新的观念及行为方式来与距离的跨越要求相适应。

三　社会发展：生态、信仰与文化

今天，社会发展中的生态问题所带来的各种风险，不是哪一个国家或哪一个民族的风险，而是人类共同的风险，需要世界各国的通力合作、积极应对。所以，要强调人类在社会发展中对生态环境保护的自觉和自律，强调人与自然环境的相互依存、相互促进，不能以牺牲生态环境为代价取得一时的发展与利益。

这样，在社会发展过程中，本着对人类负责的态度，我们有更加强烈的道德责任感去关心他人和其他生命。从生态的循环来看，人死后其生命还会以另外的方式延续下去，这种特殊情形下生态利益就是超常利益。一定意义上，超常利益是以人为中心的狭隘的利益的多级外延存在，它的空间更多的是信仰。实际上，社会发展的利益与安全问题的解决是社会文化变迁的重要动力，向人们提供新的知识与信仰，信仰影响着人的生存和发展。反过来，信仰问题的有效解决或构建合理的信仰文化形态有利于解决社会发展中的安全与利益问题。

信仰是心灵的产物，不是宗教或政党的产物，宗教或政党只起了催化剂的作用。没有宗教和政党，人同样可以拥有信仰。信仰最根本的就是由自身意识所产生的一种爱，通过人的情绪，大脑所激发的无限的追求。

在关于信仰的传统理解中，信仰问题通常是扑朔迷离、难以捉摸的。其原因在于缺乏对现实生存、生活的关注，使信仰成为一种简单的与现实的人的生存、生活与生产等失之距离逻辑关系动力的遥远存在。这也导致相当一部分国人既无宗教信仰又无政治信仰，甚至没有好的人生信仰。

社会的和谐发展要求构建一种好的人生信仰，这一概念标志着它与现实的一种距离关系动力分割的性质，表明了一种对事理的真实和心灵的真实的距离关系分割规定。真正的信仰，实质是人性中的自然、社会、文化、历史、价值等因素之间的一种有效平衡。这种平衡，划定了人类活动和获得信仰的界限。

11

当然，有一种是纯粹工具理性主义的"太近"的信仰，所谓信仰被工具化、实用化等，也会失去信仰与人的生存的关系动力价值，形成消费主义文化与价值观指导下的以"占有性生存"为基础的"物役"性生存信仰。按照工具理性的思维方式，其直接结果是造成了没有信仰。

真正的社会发展必须是负载生态的利益与安全指向的。被物质文明"囚禁"的人类灵魂是可悲的，在"垃圾围城"中苟延残喘的"城市文明"是不道德的，以污染全球环境（乃至于太空环境）为代价、消耗地球资源为成本的"工业文明"是一种严重的生态犯罪。污染环境的同时就污染了自己的灵魂，破坏生态的同时也破坏了自己的心态，人类文明的困境在于"误入歧途"，迷失了方向，产生这些问题的原因在于其根本危机无法解决，那就是信仰危机。

生态以其自身的特点孕育和改变着信仰，生态文明是信仰生活和信仰感体验的"边界"和外在"限度"，就人类关于信仰思考的理论轨迹来看，基本上是忽视这一边界和限度的。这种信仰观更加关注人类生存于其中的"生态整体"，是大自然之于人类的神性般的恩典，是人类所有福祉的真实的来源和永恒的依托所在。

精神信念对社会发展有很深的影响，理性要与感性相结合。法律不是万能的，需要信仰的补充，要充分利用法律与信仰两种机制，促进科技进步与信仰的同步发展。社会发展异化造成人的精神畸形甚至缺失，这既是社会发展带来的负面作用，同时也是造成社会发展异化的真正原因，必须召回人的精神，召回失去的信仰，当然离不开发展，但是发展必须是符合人性的发展，这是一个凭生活常识可以推论出来的道理。然而，当我们的财富建立在对自然资源无限制的掠夺基础上，从而导致许多日益严峻的生态与社会问题的时候，当我们将自己的享乐和对某种东西的私人性癖好建立在对动物的杀戮的基础上的时候，当我们失去了对于山川、大地的敬畏，自私自利，不顾环境破坏的时候，无处不在的环境污染与深入灵魂的"心境污染"相表里，资源匮乏与精神匮乏相表里，气候异常与社会动荡相伴随，经济危机与生态危机陷入恶性循环中，只能陷入更加深重的危机。

挽救人类的信仰危机是挽救生态危机的根本办法，只有树立合理的信仰才能实现生态文明纠正错误思想和虚伪观念。在生态文明视域下，如果社会发展缺少"生态"的维度，必定是残缺不全的。从生态文明建设的理念与实践出发，生态信仰关涉人类与其生存环境的永续存在和发展本身，生态信仰是"生态学革命"的精神洗礼和思想修养，生态信仰是生态文明的升华。生态信仰以尊重和保护生态环境为宗旨，以现代及未来人类继续发展为着眼点，它不仅是个人层面的道德行为和价值观念的问题，而且事关整个社会的道德取向和价值规范，事关整个人类发展的前途，是建设生态文明的动力保证和思想前提。

人类的精神世界是有层次和境界的。与其他形态的信仰相比，生态信仰当属一种高层次的、高境界的合理形态，是"绿色信仰"与"红色信仰"相统一的"整体信仰"，既纠正了"红色信仰"的偏差，又赋予"红色信仰"以无穷的生命力。有了生态信仰，才能够自觉遵守生态道德，有利于造就伟大人格，实现伟大理想。同时，克服生态文明建设的盲目性，避免重蹈工业文明的覆辙，践行生态信仰，回归人的本性天良，静以修身、俭以养德。当人们植根于这种信仰而生活时，就能自由和负责地接受他们在社会发展中的任务，就能改善"凭借自然"而生活其中的困难环境。增强责任，改善社会安全状况，大大地促进与精神健康相和谐的物质繁荣，消除自然和人的异化，使人与自然、社会融为一体，从虚幻的自然主宰回归真正的自然之子。没有生态信仰，任何生态文明建设都可能是"隔靴搔痒"，徒有其表，无济于事。

非生态的信仰，从信仰文化价值实效性来看，是非长久的、非完型意义的、浅表层面的信仰，这就决定了社会发展必须以合理的信仰文化为导向。信仰文化是一个距离分层、文化群落，是信仰与文化的关系动力形态，是信仰的价值导向自觉的有效载体，在很大程度上决定着信仰发展的方向。信仰文化的建构就是为了获得更大的关系动力，即要通过对存在的距离分割来合理调控信仰文化距离关系形成的动力，实现对理想与现实的距离差异关系的弥合。因此，信仰文化的价值实效性具有一种距离关系的强作用，就是差别最大、联系最紧的作用，以主体自觉的距离逻辑、关系动力为基础。

人总是隶属他所处的历史情境和文化传统。作为社会文化的子系统，生态信仰文化是一个生态、信仰与文化的关系动力系统，在这个系统中存在复杂的相互联系、相互依存、相互制约的关系。其关系动力的实现就是建立在多元信仰文化距离之间的内在联系基础上，使各种信仰文化甚至彼此矛盾的信仰文化相互融合、促进，"一分为多"与"合多为一"，失效与实效辩证统一，体现了多元关系动力的整体性，自然科学的逻辑理性和人文社科的情感关注构成密切的合理梯度分割关系。

在多元文化价值存在的现实下，社会信仰文化的主流价值与多元化的不对称导致信仰文化信息不均匀，进行宏大目标与统一信仰的实现的教育活动风险与困难越来越大。重建道德，自觉自律，这是生态信仰文化的使命。如果没有生态教育和生态文化的普及，不能树立生态信仰，没有生态道德、自觉自律，所谓的生态危机就无法从根本上解决，生态文明也很难名副其实。在现实的生态信仰形态中，以生态、信仰与文化"三元关系"动力审视生态信仰文化，意味着它对每一现实个体都具有潜在制约性。

因此，生态信仰文化的社会价值实效是主流信仰文化价值失范与失效控制和实效研究思维方式上的一个重要转换，非常有必要在发挥社会信仰文化尤其是社会信仰文化价值实效过程中确立这种新的信仰文化范式。必须努力使一种保障安全、无害和可持续生活的生态信仰得到广泛的传播和大力支持，并将其原则转化为社会发展的行动指南，使之与社会发展融为一体，塑造人与自然、人与人、人与社会和谐共生、良性循环、全面发展、持续繁荣为基本宗旨的生态信仰文化形态。

总之，社会发展之所以造成诸多的问题，甚至人类文明有很多问题，其原因在于心病。俗话说，心病是万病之源，生态危机的根本原因就是信仰危机，现代人以占有和享乐为目的的生活方式根源于非生态、反生态所导致的"生态维度"的缺失——生态信仰的疏离化，就是因为没有更好的信仰文化来整合社会发展。

在社会发展过程中，生态信仰文化价值实效是促进社会全面发展的重要手段，应是社会全面发展的重要内容。正如有学者指出的，"科学精神与人文精神的融通，是文化发展的一个重要课题"。[①] 生态信仰文化，作为

---

① 郭国祥：《论科学精神与人文精神的当代融通》，《学术论坛》2005 年第 1 期。

一个整体概念范畴正实现了当代科学精神与人文精神的高度融通。生态信仰文化的构建应自觉找到社会信仰文化与科学发展、社会进步之间的内在距离关系，建立起生态信仰文化价值与生活世界的关系动力机制。只有不断地将这种生态信仰文化转化为动力，收拾人心，克服痴心妄想，打破"名缰利锁"，回归自然，正所谓返璞归真、返本归元，才能纠正文明的偏差，更好地投入生态文明的创造序列中去，以实现信仰文化价值的自觉性，实现人与生态和谐共生。

第一章　距离与关系

第一节　距离范畴及社会距离

一　作为人文社会科学研究范畴的距离

人的存在可以说是在两个维度上的综合，一个是空间维度，一个是时间维度，也即作为一个有距离性的存在。人的自由可以具体体现为"空间自由"和"时间自由"。任何事物都是有距离的和距离中的存在。只有两件事情首先被定义为有距离时，它们才能互相作用和彼此反映。距离范畴的要旨在于把握变化，正视矛盾和特殊经验的多重性、多元化。可以把"距离"作为一个具体哲学范畴，为完善人与社会发展问题研究提供一个逻辑概念基础。然而，对于距离这个范畴更多见的是作为自然科学的主题，如在物理、数学、地理学科，还没有从哲学的方法、人文社会角度进行广泛、深入的思考，尤其是社会距离范畴未被重视。

在人文社会科学研究视域下，距离范畴是揭示事物之间差异关系，构成事物要素有机结合的总体。

实际上，法国马克思主义社会学家和思想家列斐伏尔提出了"空间的生产"理论，① 并试图采取三元辩证的方法论进行阐释。在批判欧几里得和笛卡尔以来的空间理论的基础上，他提出"（社会的）空间距离是（社会的）产物"的核心观点，它有四个内涵：自然空间距离正在消失，每个社会都生产自己的空间距离，生产从空间距离中事物的生产转向空间距离本身的生产，以及空间距离的生产有其历史。

---

① Lefebvre, H., *The Production of Space*, Translated by D. Nicholson Smith, Original Work Published, 1974, Oxford：Blackwell, 1991, pp. 33 – 39.

现当代哲学对"有限性"的弘扬是旧形而上学终结的历史使然。分析哲学揭示了语言的"界限",即"有限性",及其所彰显的意义的"有限性"。"此在"表明人是一种"时间性"的存在,"时间性"又表明人是一种"历史性"的存在。海德格尔从现象学的视域展现人的"有限性",把人的"此在"的"有限性"视为其"此在形而上学"的根基,并在诗意的语言中实现人的"有限性"基础上的"无限性"。因此,从最一般意义上理解"社会距离"范畴,有着丰富、深刻的理论内涵与巨大的社会实践价值,是人文社会科学研究的重要概念、范畴。

二 距离与社会距离

距离范畴表达了相互关联而形成的系统(比如距离结构、距离网络等)。对于距离范畴,常常是排斥价值论维度的客观的规定,如时间与空间的距离。这是外在于研究者和社会的一种"客观"事物。康德认为给某种知识进行定位依靠两种方法,即概念的(或逻辑的)和时空距离的(或自然的),而地理学和历史学分别就是对距离和时间的描述和填充。[①] 这里,康德对时空距离的划分是自然的,这意味着距离范畴具有独立于人类思维和逻辑的地位,是一种本身的自在之物。

社会距离,这个范畴的内涵重视和强调塑造它的社会、政治、经济等因素。然而,社会距离概念在学术界还没有得到统一的公认定义。

芝加哥学派的创始人之一帕克把(社会)距离定义为团体或个人之间亲近的程度。[②] 一般来说,其内涵具体意指:(1)时间、空间。(2)社会的。(3)文化特征。(4)生理差异等。

从哲学上定义,社会距离是人类主体独特性的产物。为了与自然、与本身和谐发展,人们必须试图解释这个世界和自身,需要把自身和别人以及他物区别开来,能够根据自身的想法、理念去创造自身与他者,并将区别于他者的独特性转化为对"距离"关系的认同。因此,社会距离的真正

① 李秋零主编《康德著作全集第9卷——逻辑学、自然地理学、教育学》,中国人民大学出版社,2010,第161~164页。
② 陈力丹:《"距离"在传播学中的概念及应用——关于大众传播中"距离"的讨论》,《国际新闻界》2009年第6期。

定义只能是发生与实践的定义。

从距离的社会意义上来讲，"社会距离"是标志社会差异的量度，它与人的理性建构以及情感、想象力等有密切关系，是规则性活动或者规范性活动，是一种社会存在，社会宏观层面的文化距离与中观层面的社会关系距离和微观层面的社会心理距离有着密切的关系。因此，社会距离实际上是精神不断重复的活动，社会距离存在的本质在于人类大脑中存在一套社会距离认知系统；社会距离属于社会，最终属于人类生理，既不是存在于物理空间中的声波或墨迹，也不是此一时彼一时出现的或以社会事件和状态呈现的主观性的东西。

认知社会距离的产生得益于认知科学和脑科学的发展，可以通过研究社会的关系结构和认知机制揭示社会距离的本质。人类具有一些普遍的、先验的关系，比如因果、时间和欧几里得空间关系等，所以，社会距离结构包含某些先天真理。但构造世界，所有存在，包括逻辑、数学和科学存在都由社会距离建构。

社会距离的基本成分与世界的基本成分是一一对应或映射关系。早期维特根斯坦认为世界由事实组成，事实由事态或不可再分的社会事实或事态组成，社会事实表示事物之间最基本的关系。相应的，社会距离与社会存在是思维的映射关系，包括对外部世界的内部表征（包括错误表征）。社会距离中的复合关系，如社会关系分别对应于事实和社会事实。要分析社会关系，需要了解社会距离的更基本的单位——名称（或思维对象）。名称对应于社会存在中的简单对象或事物。社会距离是其组成部分的函项，具体的社会距离规定取决于其社会存在组成成分。

因此，社会存在就是社会距离所体现出来的样子。其不是基于先验思辨，而是以认知社会距离的新发现为基础的，并基于对社会距离的系统归纳。社会距离似乎总与某种权威与权力逻辑纠结在一起，所以，在各种政治、社会因素纷繁复杂的前提下，就应该是彼此间的差异或距离下的沟通。

三　社会距离与距离的关系

社会距离与距离，两个概念是个别与一般的关系，既相互区别又互相联系。区别在于：距离范畴是一种系统的世界观与方法论，它以整个世界为研究对象，揭示其中的一般规律。而社会距离的研究对象是社会，针对人类社会关系中的距离及其本质和普遍规律与动力。联系在于：距离的一般范畴为社会距离提供距离的一般范畴动力论和方法论指导，社会距离反作用于距离的一般范畴，影响或改变距离的一般范畴。

具体来说，社会距离对规范性活动的经验研究有别于对纯自然活动的观察和概括。社会距离是经验，其结论是经验概括，表述偶然事实。与自然距离相比，社会距离中的很多先天真理更难掌握，因为很多规则还未被陈述，有些先天真理又离这些规则很遥远。距离的一般范畴规定在先天真理领域不是经验性概括，也不能由经验性概括支持。即便基于某一特定自然距离得出的经验证据，也无法得到普遍性的距离的一般范畴结论。

但是，距离的一般范畴包括社会距离又超越社会距离，它不满足于社会距离对世界部分问题的思考，但又包括并依赖社会距离，一旦社会距离发现证伪某种距离的一般范畴理论，距离的一般范畴又会在事实与理性推理的基础之上重新寻求世界的规律。距离的一般范畴不同于社会距离的特点使它成为社会距离研究的基础，社会距离若用距离的一般范畴的方式去思考，必能深化其研究。

第二节　关系、社会关系与对象化

一　关系与社会关系

世间万事万物在生成，这是一个无法否认的事实。"万物皆流"，即万物皆在流变的过程之中，既然在流变，就必在一定的关系之中。由日常经验可知，世界的过程性、关系性更是显而易见的事。现代科学技术的发展，系统论、控制论、信息论等理论的问世，不仅揭示了事物更高层次的"关系"，而且实现了对"关系"进行量化研究。

"关系"作为一个哲学范畴，与"实体""属性"这两个哲学范畴相对应。从逻辑上说，实体规定属性，属性规定关系。从认识上说，实体要通过属性去认识，属性则要通过关系去认识。

柏拉图认为，理念世界是指原型，现实世界不过是它的摹本。现实世界中的万事万物都是变化着的，都处于生成的过程中，因而是虚幻的，理念则不受时间限制，永不会变化，因而才是真正的实在。到了启蒙时代，笛卡尔更是认为，世界是由物质实体和精神实体构成的。这些实体是独立存在的，在变化中保持不变。然而，怀特海却认为，如果所谓"实体"指的就是长期存在而不变化的东西的话，那么世界最终不是由实体组成的，而是由事件和过程构成的。① 由于任何事物都有量和质（形式和内容）两个方面，因此，一切存在必然包括形式关系和内容关系两个部分，其中形式关系是事物量的关系，内容关系是事物质的关系。② 人类改造自然界不是以个人的形式去进行的，而是结成一定的关系，以社会的形式去进行的。人类只有组成社会，以社会的力量才能最终征服自然。这必须形成一定的社会关系。

关系这个概念是理解和把握距离范畴的关键。人们在创造和改变距离的同时又被他们所处理的距离关系以各种方式制约。具体来说，距离的存在或距离的生成并非意味着不同的两个事物（或过程），也即一方包括、反映另一方的关系。关系与距离在本质上就是一回事。距离与关系是不可分割的，是你中有我、我中有你的孪生要素。也就是说，一个距离过程，即运动中的关系，它表现的是复杂关系的流动变化。距离差异既是关系运动的载体和场所，也是产生和发展"关系"的根本动力。

马克思曾批判从前的一切唯物主义——包括费尔巴哈的唯物主义——的主要缺点。③ 他强调要从人的现实的关系逻辑，从社会实践中介活动出发去理解这种物质范畴。社会实践一直是在一定的现实的"社会"关系中进行和实现的。人的第一个对象，即人，对人来说，"他自己的感性，只有通过另一个人，才对他本身说来作为人的感性"。④ 这意味着人是作为类的活动的人的活动和作为类的本质力量的人的本质力量（通过分工和交换

---

① 周邦宪：《初议〈过程—关系哲学〉》，《华中科技大学学报》（社会科学版）2009 年第 1 期。
② 陈朝宗：《关系哲学：21 世纪的哲学》，《理论学习月刊》1994 年第 2 期。
③ 《马克思恩格斯选集》第 1 卷，人民出版社，1995，第 54 页。
④ 马克思：《1844 年经济学哲学手稿》，人民出版社，2000，第 90 页。

等）而存在和活动的。

现实的人是从事着各种活动的人，总是存在和生活于自然关系和社会关系之中，是与活动对象（包括自然界和社会）发生着关系的人，人在自然关系中表现出人的自然属性，在社会关系中表现出人的社会属性。也就是说，人是能动的社会存在物，自然界的属人本质即自在自然向为我自然、属人自然的转化，只有对社会的人才是可能的。人们的一切生活活动、生产活动及其"成果的享受，无论就其内容还是就其存在方式来说，都具有社会的性质"。比如，商品的价值就是通过它表现为交换价值而得到表现的。所以说，商品形式和它借以得到表现的劳动产品的价值关系在于：商品形式在人们面前把人们本身劳动的社会性质反映成劳动产品本身的物的性质，反映成这些物的天然的社会属性，从而把生产者同总劳动的社会关系反映成存在于生产者之外的物与物之间的社会关系。①

发展赋予社会关系一系列新的特征，也暗含了对社会关系的重新选择。社会发展问题、基础和水平等多样化，在社会关系模式选择上将是个性化的。这种个性化表现在规模结构的个性化，社会关系空间布局上的个性化，社会关系推进方式的个性化。

社会关系最基本的是生产关系，也即人们在生产的同时也在生产着自己的社会关系。生产关系必须与生产力结构相适应，才能促进社会生产水平的提高。当生产关系不适应生产力结构时，就需要改革或变革生产关系。

现阶段社会关系影响因素的改变主要表现在全球化条件下社会关系的环境更加开放，价值模式选择更趋理性和多元化。全球化不仅直接左右着全球经济发展的速度、规模、质量和结构，而且深刻影响着人类社会的方方面面。

二　现实性关系与对象化

（一）什么是对象性关系理论

马克思针对黑格尔把人的社会实践视为自我意识的"纯粹活动"，把

---

① 马克思：《资本论》第1卷，人民出版社，2004，第88~89页。

人的活动所构造的对象看做不过是意识的一种"假象""外壳""外化"，因而对象具有"虚无性"的唯心主义观点，明确地指出，人的社会实践是一种对象性的活动，是不可能离开人身外的对象而存在的，因而人的活动并不是从自己到自己的纯粹活动，更不是纯粹自我意识的活动。因为人必须以外部世界为满足自己需求的对象才能生存和发展，这些身外对象作为人的需求对象确证和表现着人的本质及力量，因而人是受身外对象所制约的对象性存在物。

马克思说："通过实践创造对象世界，改造无机界，人证明自己是有意识的类存在物，就是说是这样一种存在物，它把类看作自己的本质，或者说把自身看作类存在物。"① 从对象向人的对象化——社会主体化方面来讲，对象首先是人的生活资料，同时也是人的对象性活动的资料，没有这些"借以劳动的对象，劳动便不能生存"，因而"感性的外部世界"作为人的"劳动的对象"和"肉体生存"的对象，直接规定着人的生存和人的活动，对象"只能是我的本质力量之一的确证"，人的对象性活动的唯物主义基础。

人身外的对象是人所需要的对象，而人也是身外对象的一种对象，它们互为对象，也即对象在人的对象性活动中被人化，人在自己的对象性活动中被对象化。对象的人化，人的对象化，人在改变身外对象的同时也改变着人自身。人的存在和人的本质是人自己的对象性活动，而人的对象化活动则是证实、显示和实现人的物种的特性和类的特性的活动，也就是说，人是社会的类的存在物。

人的本质力量对象化的过程，是"自由自觉的活动"。对象性的人在社会中创造属人的对象世界，同时在创造对象世界中也创造社会本身。正像社会本身创造着作为人的人一样，人也创造着社会。而这种双向的相互创造，是通过人的对象化社会实践实现的。或者说社会客体的社会主体化，社会主体的社会客体化，这是人和人生活于其中的世界共同发展的规律。

这种双向对象化既存在于每一个具体的社会实践之中，也存在于社会

---

① 马克思：《1844 年经济学哲学手稿》，人民出版社，2000，第 57 页。

实践的整个历史过程之中，而且在不同的社会历史时期，社会实践的对象化具有不同的社会历史形式。社会主客体全面和谐，合情合理的对象化与片面的、异化的对象化往往有着质的区别。追求和争取合理的、全面的社会实践的对象性关系形态，既是人的社会实践创造活动本身的内在要求，也是人类历史发展的根本目的。未来的理想社会，人和世界将合理而全面地共同发展，人的社会实践也将抛弃它的异化形态，恢复它的内在本性——全面的双向对象化。

由此可见，人的对象化是人的本质力量对象化（社会主体的社会客体化）和对象的本质力量对人的对象化（社会客体的社会主体化）的统一。从人的本质对象化方面来说，人的生产劳动、人的社会实践创造以及工业是"人的本质力量的公开的展示"。[①]

（二）现实性关系

人的现实存在通过与其他存在物的对象性关系活动来表现和确证。正如马克思在《1844 年经济学哲学手稿》中指出，只有对象性的存在才是现实的存在。马克思是通过人的对象性关系活动来论证人的现实存在，人自身距离之外的自然物质对象作为社会实践客体是客观地、实在地存在着的。马克思说："一个存在物如果在自身之外没有自己的自然界，就不是自然存在物，就不能参加自然界的生活。"[②] 一个存在物如果没有别的存在物作为自己的对象，它就是一个封闭的、僵死的、唯一的实体（怪物），它就无法存在和发展。"现实"就要发生关系，就要对象化存在，"非对象性的存在物是非存在物，"[③] 要处于一种三元的关系中，即处于自然、人和社会之间的关系中。由此生成人的三个层次的对象性关系活动，即自然的对象性关系活动，自由、有意识的对象性关系活动，社会的对象性关系活动，分别表现和确证着人的关系体存在，即人的自然的关系体，自由、有意识的关系体，社会的关系体。

人的现实性对象关系活动是人与人的关系、人与自然的关系以及人与

---

① 马克思：《1844 年经济学哲学手稿》，人民出版社，2000，第 89 页。
② 马克思：《1844 年经济学哲学手稿》，人民出版社，2000，第 106 页。
③ 马克思：《1844 年经济学哲学手稿》，人民出版社，2000，第 106 页。

自身的关系辩证统一的综合过程，其中，最为核心的是人与人的社会关系。马克思从其社会实践中介化了的现实关系出发，反对"与人无涉"的自然观，这种没有被对象化的自然界不是人生活在其中的现实自然界。物质自然，在社会实践中介下具有了现实化了的人与自然的客观关系。因此，现实的人的社会实践中介活动生成了三类关系的现实性，即要看到在生产中人们关涉到的是具体的、从量和质上规定了的"现实"的"物质"的存在形式。

马克思从不抽象地谈论物质范畴。这里，马克思的"物质"范畴从纯粹主观的领域、概念的领域、仅仅知识论的领域拓展到了人类历史社会实践中介化现实的领域。

人作为社会实践主体，是有生命、有形体、现实的、感性的、对象性的存在物。每个人都有各自独特的主体意识、内心世界、理想价值、品性气质、情感意志，并总是在自己的社会实践和生活的对象化过程中加以现实化。马克思说："一个有生命的、自然的、具备并赋有对象性的即物质的本质力量的存在物，既拥有它的本质的现实的、自然的对象，而它的自我外化又设定一个现实的、却以外在性的形式表现出来因而不属于它的本质的、极其强大的对象世界，这是十分自然的。这里并没有什么不可捉摸的和神秘莫测的东西。相反的情况倒是神秘莫测的。"① 这就有力地说明了人、人的活动及其创立的对象世界具有物质性。人的对象性活动及其对象性的产物，不过只是证实了这种活动的客观的、现实的对象性关系而已。

第三节　距离：关系动力

一　关系动力的内涵

从最一般意义上理解"距离"范畴，造距"成势""成事""成人"，表达了一种对存在的关系动力的距离不断分割的观点。具体来说，一切都是运动变化的，相互作用关系是变化的动力与内容。发展、运动及其速度是由关系动力推动的，这也可以说，万事万物、江河湖海、鸟兽鱼虫，它

---

① 《马克思恩格斯全集》第 3 卷，人民出版社，2002，第 323 页。

的存在是由它的关系动力构成的。每个具体存在都有其"生成"，也即都有其关系动力，脱离了这些，具体存在便没有了。

怀特海认为世界是由"点滴的经验"或"经验的搏动"构成的。这些"点滴的经验"被怀特海称为"实际实有"。那么，什么是"实际实有"呢？他解释道，"实际实有"——亦称"实际事态"——是构成世界的终极实在事物。在"实际实有"背后不可能找到任何更实在的事物。怀特海在谈到"实际实有"时有一句名言："它的'存在'是由它的'生成'构成的。"换言之，经验者和经验是交织为一体的。每个人都有自己独特的喜怒哀乐、悲欢离合，这些就是他或她的"生成"，脱离了这些，他或她的具体存在便没有了。同样的，一个电子的运动就是它的"生成"，脱离了它的运动、它的运动的环境，它也说不上是存在的。可见"实际实有"一语实际上包含了经验者和经验，这二者脱离了对方都是不能存在的。①这其实就是"关系动力"。

关系动力是由距离关系中的"差别与联系"所激励的一种动力梯度，任何存在都是一个关系动力体，这个动力体的内部是诸要素的相关制约关系，事物发展的动力正是关系内部诸要素的对立统一，当差别越大而联系越紧密时，动力梯度就越大。

基于系统理论，任何事物都是结构和功能的对立统一。结构与功能相互联系、相互制约。结构决定功能，结构相对稳定，功能则容易变化。结构是指组成有机系统的要素之间的组织形式，功能是指有机系统的性质、作用和能力。

从距离关系动力视角来看，结构不同于功能，结构具有距离性规定，功能则具有关系动力的性质。一个系统性存在，由其部分组成，相互依存及相互转化；整体和部分的辩证关系其实是指一个完整距离性存在中的关系动力。关系动力总体大于部分的总和，要把握全面的关系动力。把握某一系统的距离关系动力，有利于定性和定量地认识和解决各种现实问题，所谓的机不可失，体现在鲜明的距离关系的"路径及其动力依赖"。

---

① 怀特海：《过程与实在》，转引自周邦宪《初议〈过程—关系哲学〉》，《华中科技大学学报》（社会科学版）2009 年第 1 期。

"关系动力"这一概念是距离范畴发展的必然。它是对实体论、属性论研究的发展。在关系动力理论中自然科学理性与人文、价值理性是可以统一的，即自然科学理性与人文、价值理性一样都可以作为历史进步的动因和尺度。用这种理性精神作为人类历史和社会发展的全部基础和根据，追求关系性和矛盾的相关制约性，建立以人的全面而自由发展为目的的距离关系动力体系。

因此，不同的动力机制会催生不同的社会关系，要从系统的距离关系动力的角度去研究社会实践；从存在论意义来把握实际生活过程的关系动力基础，并以此为前提考察现实社会中我们要处理的各种复杂关系，充分发挥关系动力机制在迁移、要素集聚、竞争与协调等方面的作用。

二 社会关系动力及其价值

关系动力不能简单地理解为物理动力，还应当理解为极为复杂的社会距离变化引起的动力。实际上，在中国文化的语境里，"关系"属于社会关系的范畴。因此，关系性是社会活动的本质要素，关系性界定社会。

从本体上看存在两大关系体：自然关系体与社会关系体。从人的立场出发，社会关系体都是主体在社会实践活动中建立起来的、创造出来的，就是为了更方便、更全面、更深入地反映和占有现实，是历史地凝结成的、自发地左右人的各种活动的稳定的生存方式。总之，它是由人创造的，同时也塑造着人。

社会实践关系大体包括两个方面：一方面是在处理人与自然之间各种复杂的关系。另一方面是在处理人与人、人与社会的关系，如处理单位与单位、单位内部各部门之间、单位内部人与人之间的关系。具体可表现为规划、决策、管理，社会系统中人群关系的协调、法律协调、道德协调和心理协调。其中，社会管理可表现为处理日常社会生活中各种关系中产生的各种矛盾，包括对社会子系统及其外部、内部事务的管理。

社会关系动力作用并不仅表现在意识与信息态的层面上，是一个纯粹的心理社会过程，它还可以具体体现在物质活动与行为上。因此，关系动力论把社会实践看做处理关系、协调关系并建立理想关系的一种活动。社会关系动力首先标志着人们相互联系、相互适应、相互依存、相互作用、相互影响，与人的存在联系在一起。

在最广泛意义上说，任何存在都具有一定的价值，包括自我价值，对价值概念的理解需要一种广义视角，坚持关系价值论基本立场，即价值不是实体，不是自然事物本身，不是主客体之外的"第三种实体"，而是一种关系动力作用的结果；社会关系动力价值在整个社会发展的动力系统中居于先导性的地位，即是指一切对社会活动开展及其效果产生各种影响的内外部因素之间关系及结构的总和。社会关系动力的价值功能，具有一种会聚力量的作用，同一客体在生活实践中可能与不同主体同时建立价值关系，从而构成价值的网状结构、立体结构和主体间性，存在于社会主体、社会客体以及社会中介的相互作用和影响之中。

因此，社会关系动力的价值就是整个社会生态系统在相互联系、相互适应、相互依存的共生互动中所产生的作用和影响。社会关系动力的实效价值意味着有所"动作"，也即有所作为，有所表现、触动、激发，是一种以和衷共济、协调发展为核心的模式，是各种社会关系动力要素全面、自由、协调、整体优化的氛围，是对对象结构和功能的秩序的维护或者说是有序发展。

社会关系动力的价值也有正负之分、大小之别。凡是对生存和发展产生积极的有益的效应，就是正向的、有效的；凡是对社会主体或社会客体的生存和发展产生消极的有害的效应，就是负价值。而与社会生态环境系统保持一定的社会关系动力有序发展状态，这种效应越大，社会关系动力价值就越大。同一关系所具有的社会价值效应既有性质上的差别，也有数量上的不同，甚至完全相反，即这种效应对主体或客体的生存与发展所具有的现实历史意义及其大小要围绕不同时期社会历史语境的广泛变化来理解，并考察外部关系构成。

人类价值是关系动力必不可少的因素。没有人与人之间的正义和荣誉以及尊敬，社会关系动力就不会存在。社会目的和功能，是对社会关系本体价值的一种基本承诺。因此，要置于其社会历史环境中看这种互动关系产生的效应，这决定了在不同的社会历史环境下价值实效的差异。

关系共同体的规范和价值可以扩展到一般的价值准则。合理性、普遍性、个体性、公有性和无私利性，便成为整个社会关系动力价值的特性。

度量社会关系动力价值的大小，从社会关系体本身结构中的价值出发，是一个对那些构成价值理解过程部分的"绝对价值"的求解过程。

三　关系动力的距离逻辑

存在之间是一种相互联系、相互适应、相互依存的共生互动关系。无联系的差别是"一盘散沙"，不能构建差别梯度，就不能有动力实效。

在关系动力作用中，个体元素之间怎样发生"关系"，怎样才能寻求到关系动力价值实效，这与关系结构距离中介分割问题是一致的。关系动力价值实效越高，表明通过距离的关系动力分割形成了一定的合理的差别梯度，通过距离中介分割合理调控距离关系。其现实条件在于距离运动关系群的确定，即群体中的元素都是有个性的主体存在，元素在群体中的要求（集合的要求）都不能完全一样。个体越是个性化，关系体的差异就越大，互补性就越强，对扩大整体关系动力就越有用。

在关系动力分割中，每一关系位表现出越来越多的"个性"。承受太重或太轻，距离太远或太近，都明显制约关系动力价值的实效。因此，针对个体化的现实，在距离关系中介分割的每一个点上选择不同的坐标系，使每一个体都能在局域化的时空点上感到关系动力的作用，实现整体距离上的联系。关系动力的分布就表现为每一巨大差别中有联系，以实现在可观测的距离关系环境范围释放最大的关系动力，也就是使有着显著差别的个性化实现其内在的必然的紧密联系。

理想的距离关系必须形成一定的关系动力层次，使关系动力最大化。在关系动力的内驱动下，个体不断实现距离差异化，在联系中扩大差别，在差别中促进联系。联系扩大差别，差别越来越大，如果联系越来越紧，则是一种"相反相成"中的"大势所趋"。显然，对于"距势"（局势），即对一个连续存在中具体关系距离动力趋势规定，内在距离关系的联系理解与把握得愈丰富、愈清晰、愈深刻，愈会在整体上把握过程及其关系动力分割与动力关系，从而建立一个登上更高的距离关系阶段的阶梯。这也是关系动力体的群体演化机制的表现。

个体对于过程的距离可能有多种关系动力分割方式和动力驱动的实现。这些方式反映了对距离关系动力过程理解的透彻程度，关系动力都是易变的、易动的、活跃的，也是一个关系动力"过程"。过程范畴表征距离关系要素记载和呈现的方式，标记关系动力展开的有界性、收敛性与限定性等特征。关系动力过程意味着形成一组相对封闭的距离关系，即一定阶段的结果都是所获得的一定距离的离始（历史）关系的结果，因而都不会超出一定的距离的离始（历史）限度。

过程是运动中的关系，具有自在的地位。维持过程就是维持关系，过程核心定位于动态"关系"，强调的是互动关系而不是事件。突出的是流动的、历时性的主体间行为，而不是具体的行为结果。① 过程有不同类型、层次，存在差异。概括来说，过程包括心理的、身体的和思维的，有显性与隐性、浅层与深层的区别，体现为直觉路径的、融合的、概念整体的、概括的、理性认知的等。

既然世界是关系的集合体，关系动力理论就是研究一般关系的发展规律。由于任何事物都有质、量及其度的形式和内容两个方面，关系动力理论的研究对象就必然包括形式关系和内容关系两个部分，形式关系是事物量的关系，内容关系是事物质的关系。形式与内容统一于度或程度，这也就是关系动力的程度问题。在关系动力过程中，作用量原理导致了经济学追求最小投入与最大产出，以及稀缺资源的优化配置。显然，在关系动力实现过程中也有一个程度性问题。

关系动力的过程不同，对对象的结构、功能及能量与信息的有序发展程度的转化与控制就不同。可以说，一定的关系动力过程，无论是个体的形式还是群体的形式，一旦形成，就完成了一个距离关系阶段，从而建立了一个更高的距离关系阶段的关系动力阶梯。

关系动力演进的本质是一个平衡与非平衡作用的过程。任何有机系统都是平衡与非平衡的统一，平衡与非平衡是揭示事物诸系统要素之间联系的紧密程度的一对关系。平衡是指一个距离关系动力要素在质、量及其度上相同，非平衡则是指一个距离关系动力要素在质、量及其度上不同。要使一个系统实现跨距离跃迁，必须打破系统内部要素的距离关系动力的

---

① 秦亚青：《关系本位与过程建构：将中国理念植入国际关系理论》，《中国社会科学》2009年第 3 期。

平衡。

从系统论来说，平衡和不平衡对于系统来说都具有同等意义，系统必须以平衡为基础，没有平衡就没有系统。这里所说的平衡是指动态的平衡，而不是指静态的平衡。动态的平衡是指系统在运动的状态下总输入量等于总输出量。动态的平衡实际上就是指不平衡，静态的平衡实际上就是指均衡。当系统处于静态的平衡时，其内部和外部的信息量最少，系统的混乱程度达到最大，系统处于无序的状态。此刻，系统是稳定的、不发展的，这种系统要么是"死"的系统，要么是机械凑合的系统。而当系统处于不平衡状态时，其内部和外部的信息量增大，信息的有序发展交流会促使物质和能量的有序发展交流，系统便在宏观上处于有序发展的状态。

在一个复杂的事物系统中，各层次的子系统的发展是不平衡的，而系统的总功效有时则取决于发展水平最低的子系统。这就是"木桶效应"，或曰"瓶颈制约"。从系统论来说，一个大系统在其发展过程中，如果其中有一个子系统会率先发展壮大起来，并把其他子系统吸引到自己的周围，就会出现子系统中心化趋势，最后该子系统加速发展会在许多方面取代母系统。所以，如果弱关系能从大关系动力体的虚处出发，集中力量发展大的关系动力体的薄弱项目，以缓解关系动力网络的"瓶颈制约"，就会在关系网络结构中实现突出与分化。

同样，在关系动力建构的突出与分化过程中，还应尽可能最大限度地将关系体可利用的各种战略资源集中到有限发展的关键战略上去。基于个性关系动力分割原则，把握住个体关系的个性化和对称性。个性化和对称性保证了结构既具有紧密的联系，又具有最大的差别，营造最大的距离关系，产生最强关系动力作用。这种关系动力的过程在关系动力结构上要具有层次性，关注整个关系动力运行系统的综合作用，要在对不同距离关系的比较中显示出差别。

具体过程意味着关系变化中的距离关系的相对稳定性。在一个不受外界关系动力作用的封闭环境中，距离的本质属性是"约束性"，关系动力价值体现在提升距离关系分割的层次上，实现了距离关系的结构化、组织布局，表征系统中各种方式相互之间的个体差别，以及个体关系倾向性和距离起点的速度的质的差异。

关系动力过程的阶段与层次具有"连续"性量变与质变的特点。关系动力的实效性的系统运行机制依赖各关系动力功能的健全及它们之间的相互衔接、协调运转。所以，只有具备独特优势的关系动力体，才能在关系动力网络中呈现强大的竞争优势。

总之，任何现实存在都是一距离性存在。空间和时间距离对人的存在与发展具有独特的"距离关系及其动力"价值，对具体变化过程的距离关系的分割可以作为价值成效评估的指针。过程论思想是距离关系动力研究的一个基础与逻辑起点，是进行距离关系中介分割的核心。

四　马克思、恩格斯的距离逻辑思想探析

（一）距离与全球化

今天称之为"全球化"的实质，在马克思看来就是资本驱动下扫清了地域、民族障碍，实现同一化的空间距离形式。比如在《共产党宣言》中，马克思和恩格斯写道："资产阶级，由于开拓了世界市场，使一切国家的生产和消费都成为世界性的了……（新的）工业所加工的，已经不是本地的原料，而是来自极其遥远的地区的原料。它们的产品不仅供本国消费，而且同时供世界各地消费。旧的，靠本国产品来满足的需要，被新的，要靠极其遥远的国家和地带的产品来满足的需要所代替了。过去那种地方的和民族的自给自足和闭关自守状态，被各民族的各方面的互相往来和各方面的互相依赖所代替了。物质的生产是如此，精神的生产也是如此。"[①]

这段话生动、深刻地描绘和揭示了资本流动是如何打破民族国家的疆界从而创造出自己所需要的跨距离的空间的，并形成世界性的（物质和精神）产品生产体系，达至现在称之为"全球化"的状况。全球化打破了地域和国家的距离界限，形成一种"世界主义"的潮流。资本破除距离界限的流动实际上是一种毁坏，它必须要毁坏以前的空间距离形式和状态，不断地创造符合资本需求的新的距离性存在，如空间距离样态。

---

① 马克思、恩格斯：《共产党宣言》，人民出版社，1997，第31页。

31

资本的距离逻辑暗示：资本一方面极力诉求消除空间距离障碍，以交换、征服的方式占领整个（世界）市场；另一方面会力图用时间距离消灭空间距离，用最短的时间从一个地方到达另一个地方。[①] 所以，哈维指出，"《共产党宣言》正确地强调了通过交通和通讯的创新和投资来减少空间障碍对维持和发展资产阶级权利是必不可少的……'通过时间消灭空间'深深地嵌入在资本积累的逻辑中，并伴随着空间关系中虽然常显粗糙但却持续的转型，这些转型刻画了资产阶级时代（从收费公路到铁路、公路、空中旅行直至赛博空间）的历史地理特征"。[②] 可以说，马克思和恩格斯看到了全球化，资本对空间距离的需求、改造和利用，城乡对立等空间距离范畴。

（二）有限性：马克思辩证法的距离逻辑

马克思强调："辩证法在对现存事物的肯定的理解中同时包含对现存事物的否定的理解，辩证法对每一种既成的形式都是从不断的运动中，因而也是从它的暂时性方面去理解；辩证法不崇拜任何东西。"[③] 在这一论述中，马克思采用了非常重要却被我们一直忽视的阐释辩证法批判本质和革命本质的视角，即任何存在都是作为一有限的距离性的存在的视角。"必然灭亡"和"暂时性"无疑是意指有限时间性和空间性的距离逻辑概念。

探讨马克思辩证法的距离逻辑特质，必须划清马克思辩证法与黑格尔辩证法的理论界限。黑格尔辩证法只是无限理性的自我运动，它以生命的无限性为出发点只能造就辩证法作为无限逻辑的归宿。与黑格尔辩证法无限性的起点和终点不同，马克思强调辩证法的出发点应该是人的感性有限性。马克思指出，"费尔巴哈是唯一对黑格尔辩证法采取严肃的、批判的态度的人；……费尔巴哈这样解释了黑格尔辩证法（从而论证了要从肯定的东西即从感觉确定的东西出发）"。[④] 可见，马克思把辩证法所内蕴的生

① Smith, Keefe, "Geography, Marx and the Concept of Nature," *Antipode*, 1989 (12): 30 - 39.

② Harvey, D., *Space of Hope*, Edinburgh: Edinburgh University Press, 2000, p. 34. 大卫·哈维：《希望的空间》，胡大平译，南京大学出版社，2006，第33页。

③ 马克思：《资本论》第1卷，人民出版社，2004，第22页。

④ 《马克思恩格斯全集》第42卷，人民出版社，1979，第157~158页。

命能动性原则述之于人的感性有限性活动，他理解的辩证法不是去印证人的无限性，而是去表征人的有限性。

人的感性或有限性的存在正是辩证法作为有限性逻辑的理论根基。基于有限性的理论起点，马克思辩证法是以有限性去表征有限性的逻辑，而非用无限性去印证无限性的逻辑，从而转变为批判人的劳动异化去实现人的感性自由的有限性的距离逻辑。

马克思的有限性的距离逻辑不仅表达了思想的有限性，而且也表达了现实的有限生活的有限性，以及思想的有限性是现实的有限生活的有限性的理论表达等多重含义。其有限性的距离逻辑主要表现为历史的有限性、社会的有限性。历史的有限性和社会的有限性都表明了人的生存的有限性。比如，马克思在研究政治经济学时揭示了社会的有限性。他对社会的经济基础与上层建筑之间的关系作过如下经典表述："人们在自己生活的社会生产中发生一定的、必然的、不以他们的意志为转移的关系……即有法律的和政治的上层建筑竖立其上并有一定的社会意识形式与之相适应的现实基础。"① 这些"一定"表明马克思对社会作出了关于"有限性"的考察，已经意识到社会生活的"有限性"及其基础性地位。正如有学者指出的，马克思哲学的出发点是一些现实的有限的具体的个人，这些个人是从事活动的，正是这些"界限，前提和条件"决定了人的生活现实的有限的"有限性"。②

马克思的有限性的距离逻辑有重要理论与实践意义。首先，马克思的有限性的距离逻辑表现了走向生活世界的旨趣。而在意识内构造的生活世界仍然不是现实的有限世界。比如，海德格尔的生活世界观并不是要真实地改造世界，而只能说是面对现实的有限真实的世界选择一个非真实的世界作为精神寄托。

因此，马克思从现实的有限的人和人的现实的有限生活世界出发批判传统哲学的"有限性"，克服了传统社会主体性哲学的弊端，从而使其生活世界观具有现实的有限性和理想性的双重向度。同时也真实地回归了人

---

① 《马克思恩格斯全集》第 13 卷，人民出版社，1962，第 8~9 页。
② 牛小侠：《简述马克思的"有限性"思想及其意义》，《哲学研究》2012 年第 2 期。

的现实的有限生活世界，并在现实的有限生活中展示了人的"有限性"，实现了辩证法从无限性逻辑到有限性的距离逻辑的转变，在现实的有限性基础上颠覆了旧形而上学。

第四节　有序、和谐社会的距离逻辑

一　距离逻辑下社会的"三元关系"结构

人的现实存在，必须具有他的肉体、自身的需要、情感、意志、知识背景、思维方法等，但更关键的是，如果人脱离了社会，与社会隔绝，不与社会、他人发生关系，是不可能成为社会主体的。也就是说，人类创造了自身存在的社会世界，人是社会关系的总和。

社会世界是复杂的，社会关系也是无限多样的，而这无限多样的关系中，抽象起来，就是社会主体、社会客体与社会中介间的关系。从距离逻辑入手去研究社会关系，社会主体、社会客体与社会中介都看成一个有距离的相互作用的系统。这必然导致对人的自由以及社会、历史的研究从抽象上升到具体的三元，即社会主体、社会客体与社会中介"三元一致"的强关系动力情景，也即社会关系是社会主体、社会客体与社会中介关系的产生、发展及其相互关系，从而把社会关系的社会主体、社会客体及社会中介看成一个互相生成转化的有机系统，赋予社会关系范畴新的内容，使社会关系观的研究从抽象走向具体的"三元关系"的距离逻辑研究。

在"三元关系"格局中，社会主体、社会客体、社会中介是互相转化的，社会主体必须同时具有社会客体与社会中介的关系规定，也即社会主体要满足社会客体的需要、社会中介的需要，才能真正地把社会主体与客体作为整体，都获得充分的发展。

社会价值是以"三元一致"为导向的。"三元一致"不仅形成了交互性的关系，而且也使社会主体转变成社会客体，社会客体反映社会主体，使社会客体也向社会主体转化，也即社会主体与社会客体均将自身与对方融合，社会主体中有社会客体，社会客体中有社会主体，二者表现出一种强烈的亲和性和亲和力。相对于社会主客体关系，社会中介关系表现出一种内在的差异性特点。社会中介关系的存在依赖、区别于社会主体、客体的差异性，它是社会主客体自然分离的形式。社会中介关系最终从社会主客体关系中分离出去。

世界是充斥目的、阻碍的世界。原初，社会主体、社会客体被重重距离阻隔，随着人的经验和利用世界的能力的持续增长，越来越以间接手段来取代直接经验，把对世界的直接利用简化为信息中介化。"三元关系"中信息不对称，无法察知社会主客体双方的真实情况，严重损害关系体的利益。对社会主体来说，只有通过纷繁复杂的社会中介关系环节，方可抵及社会客体世界，经由社会中介关系，社会主体发现了社会客体，社会客体也因而成为社会主体，社会主体与社会客体皆在社会中介关系中敞亮自身。这种相遇之中的"敞亮"实质昭示了"三元关系"的一致性。其中，社会信息中介关系表现为一种间接性，具有不依赖社会主体意识和行为的客观性，构建社会信息中介关系的功能在于跨距离的融合，实现了社会主体和社会客体关系的经纬交织。

无疑，在一定意义上，社会中介关系可以看做社会关系本身的表现方式。社会主客体的统一关系依赖社会中介关系。相对于社会主体与社会客体之间表现出一种疏离性、对立性，社会中介成为自足性存在，一定意义上捕获社会客体，占有社会主体，将其对象化、有序发展化。无社会中介关系，则社会主客体无规定性。这在客观上需要社会中介关系提供基于时间、空间和技术等的支持，一定程度上使社会中介的地位突出。

人必须同时具有这三种关系才能真正成为社会关系的总体存在。资源的稀缺性与需求的多样性决定多元利益冲突的普遍存在，彼此都希望在社会关系中实现利益。这决定"三元关系"是一个动态的博弈过程，其演变在很大程度上是与它们之间的利益的冲突与协调过程。根本上，博弈双方的利益互相联系、渗透，角色也存在渗透。"三元关系"的对立与冲突必然在一定的包容程度内、在统一取向目标下协调关系。

总之，"三元一致"的强关系是相互关系的一种存在方式。它既是被选择又是选择关系，既是施动又是受动关系。社会主客体关系的存在依赖它们进入社会中介关系结构之中，表现出的关系功能离不开社会主体与社会客体的相容性的特点。现实生活中的个体要成为真正的社会主体，必须和谐地处理社会主客体与社会中介关系，使社会主体和社会客体以及社会中介在相互作用中达到理解。

二 社会实践关系中的"三元一致"逻辑模型

马克思说："人不仅仅是自然存在物，他还是属人的自然存在物，是为自己本身而存在着的存在物。"[①] 如果说人作为自然存在物着重讲的是人不得不被自然外界对象所规定，人无论如何离不开自身之外的自然对象，即人的"受动性"的话，那么，人作为属人的自然存在物则着重揭示了人的"自为性"的"能动性"的特质。实际上，人如果仅仅是自然存在物，他就和其他自然物完全一样，只能消极被动地适应周围的自然对象，同身外之物只能发生自在的、本能的对象性关系。

因此，马克思在指出人是自然存在物的同时，也明确指出人是有生命力的、有意识的、自由自觉的"能动的自然存在物"。[②] 对人来说，身外对象的自然存在物并不是直接地、现成地、完全地能满足人的需要的。而人自身的自然器官和机能事实上并不完全是由自然界所直接提供的，它同时也是由于人自己的社会历史活动才成为属人的自然存在物的。因此，马克思在物质观上的历史贡献就是发现了人类物质性的生产劳动或者说人与物质世界、人与自然统一的社会实践中介。

现实社会的生产又可以分为物质生产、知识信息生产两个方面。具体地说是创造出"人化的物质系统"去代替"自然的物质系统"，即人按照真、善、美的原则，改变自然物质系统内部关系的结构，使之产生与人的需要相一致的功能，以满足人的各种需要。在这个过程中，人作为社会主体既具有能动性、创造性，又具有受动性和被动性。这是因为社会主体对社会客体具有认识、利用和改造（创造）的主动性和能动性，同时也受社会客体的决定和制约。社会客体作为被调节对象具有被动性，具有自在性和客观规律性，对社会主体又具有决定性，因而社会主体又具有受动性。而一般生物主体和人类社会主体不同，前者的关系具有自发性、盲目性。

---

① 《马克思恩格斯全集》第 3 卷，人民出版社，2002，第 326 页。
② 马克思：《1844 年经济学哲学手稿》，人民出版社，2000，第 105 页。

人类是具有自我意识和社会实践能力的生命体，一旦产生就以自觉的关系逻辑模型来满足自身的生存和发展的需要。从生命的延续和调节的连续的过程考察，生物和人类的生存发展都是以关系动力为基础的基本生命群体，从无机自然界分化出生命到人类及其社会的基本结构就是一体三元的宇宙整体。这意味着在有了高级形态的社会主客体与社会中介关系，即"三元关系"后，社会主体的认识和实践的对象不仅有现实的社会客体，更有潜在的和可能的社会客体。因此，人类及其生存条件不仅有趋利避害的这种选择，更有兴利除害（社会实践）的创造性活动。比如，创造性的潜能的发挥使社会客体范围不断扩张，指向无限宇宙（自然和社会），并使其具有社会实践性。

社会实践的基本形式有三种，即社会生产、阶级斗争、科学实验，这显然是从实体的角度去划分的。从距离逻辑模型的角度可以把社会实践的形式分为创造事物关系活动的社会实践和建立社会生产关系及社会制度的社会实践两个方面。它们不仅存在物质层面上的关系，而且也有信息关系规定。

研究人的实践关系的距离逻辑模型，社会实践是建立和处理人与自然、人与社会、人与人之间的整体关系的一致活动。马克思指出，任何存在物的存在，只能是对象性的存在，若没有"对象性关系"，那它只能是"非存在物"。毫无疑问，人首先是"自然存在物"，而且"人的第一个对象就是自然界"，因此，对象性关系本身就提示着人与自然整体原初关联。此外，"只要我有一个对象，这个对象就以我作为对象"。[1] 因此，在对象性关系中必须始终把社会主体、社会客体及社会中介"三元关系"相提并论，即社会实践生成了社会关系的基本结构，表现为社会实践主体、社会实践客体以及社会实践中介三元基本一致关系结构。可以说，当前科学"还没有完全进入事物关系的整体认识，以至于常常把握不好、处理不好事物的整体关系，于是，关系之间出现种种冲突便不可避免"。[2] 然而，当把"三元一致"的强关系上升到世界观范畴，距离逻辑模型下自然科学理

---

①　《马克思恩格斯全集》第 3 卷，人民出版社，2002，第 325 页。

②　陈朝宗：《关系哲学：21 世纪的哲学》，《理论学习月刊》1994 年第 2 期。

性与人文、价值理性是可以统一的，从而导致工具理性和价值理性的真正统一。具体说，距离逻辑模型下社会实践的合理性表现为消除人与自然、人与社会、人与人之间的对立。其中的一个重要方面就是研究社会实践主体、社会实践客体与社会实践中介的产生、发展和相互作用的"三元一致"逻辑。用这种理性精神作为人类历史和社会发展的全部实践基础和根据，作为历史进步的动因和尺度，在社会实践中建立"三元一致"的强关系动力机制，社会实践主体和社会实践客体经社会实践中介关系的辩证转化及相互规定、说明、生成，在共同的价值中沟通，社会实践才与整个宇宙存在可变的张力，才都具有完整的共同的普遍性。这对人在自然、社会中的地位、作用和人的解放有重要意义。

在"三元一致"的强关系动力中，社会实践主体与社会实践客体不是固定不变的，区分是相对的。在社会实践中社会主客体相互生成，社会实践主体就是社会实践客体，社会实践客体就是社会实践主体，经社会实践中介关系过渡，互为主客体关系，也即社会实践主体客体化，社会实践客体主体化，或者说，社会实践主体亦即社会实践客体，社会实践客体亦即社会实践主体。在一定意义上，这个转化是可逆的过程。无疑，客观事物没有绝对的界限。社会实践主体和社会实践客体的区别没有绝对的界限和标准。其区分的界限和标准是相对的，只是对具体的确定而言，如一定的历史阶段、一定的时间限度、一定的地域限度、一定的领域或一定的区间。

在社会实践中，研究社会实践主体单从它的内部还不容易知道它的深浅，认不清它的全貌，例如"不识庐山真面目，只缘身在此山中"。往往要跳出社会实践主体内部的框框，从外部更大范围来认识它的地位、作用和整个社会实践主体的特征，这就是说对整个社会实践主体从社会实践客体角度来进行研究。社会实践客体对于社会实践主体的发展乃至前途至关重要，是构成社会实践主体的基础，任何社会实践主体的核心都是社会实践客体。研究社会实践主体从社会实践客体入手，更容易深入并突破。一个社会实践主体的内涵和深刻意义往往就在社会实践客体上体现出来。抓住了它的关键——社会实践客体，也就抓住了整个社会实践主体。当然，在研究社会实践主体和社会实践客体的关系时首先要十分重视社会实践主体。只有把社会实践主体作为社会实践客体来研究，才有助于认清全貌，也即将社会实践主体作为社会实践客体来研究，以社会实践客体带面，能更全面地认识社会实践主体，从而推进整体的发展。

总之，社会实践主体控制和操纵社会实践客体，社会实践客体则是被动地接受和服从，不能积极地投入关系动力结构中，成为一种消极存在，而自觉的理解和沟通也不复存在，在这种片面的关系结构中，社会实践往往不能有效实现。

三 有序、和谐的社会关系动力建构

在社会关系中，由于人是有限理性的社会主体，追求自身利益最大化的动机使得利益取向和获取途径不尽相同，甚至用非常态关系手段来谋取自身的利益，在多元化并且利益不一致的情况下，在时间和空间上形成距离差异，在社会分化与突出中形成了利益相关者等多元群体。此时，诸如现实的信息不对称使拥有有效控制信息者有可能通过粉饰、虚假陈述与误导而获取利益。在利益诉求上，总希望付出降至最低而利益最大，而当收益远远大于成本时，利益均衡关系便被打破，加剧社会关系的无序与不和谐。

"有序、和谐发展关系"，是社会主体与社会客体及社会中介之间最直接的、交互的、活生生的相遇关系，表现为社会客体与社会主体及社会中介三元社会关系中的利益对立与博弈。

"有序、和谐"要求"三元关系"间能够形成为参与各方都接受的秩序，实现利益差异的最终协调与趋同，每一元都有发展的必要。当"三元关系"博弈达成竞争共识，具有可预测性时，多元利益诉求过程中对公平与效率的权衡将更趋理性与科学，不仅针对社会关系的价值方式，而且针对社会关系的动力情境。这决定"三元关系"之间形成了一个从非合作博弈到合作博弈、从个体理性到关系理性的过程。

然而，"博弈论"中的"囚徒困境"使社会主体出现"个体理性"选择与"关系理性"选择之间的鸿沟。因此，"三元关系"博弈中，对彼此都有共同的利益需求，在进行距离关系的调整、博弈中的欺诈、合谋与偏颇会导致所有的利益受损，即在共同体中，社会关系的有序、和谐发展的

形成过程要受到"三元关系"因素的制约和影响。这些因素通常主要包括关系的互补性与可靠性，表现为若干层次，任一层次的利益实现与其他层次密切相关。而不同层级的关系系统在资源配置、社会关系范围等诸多方面存在一定程度的差异。在某些极端的价值过程中，不确定性、不连续性和非常规性等都会损害社会关系动力功能的持续性发挥。

关系的联合统一可以增强有序、和谐的力量。社会主体、客体以及社会中介之间是一种相互依存而又有冲突的关系，因此有序、和谐发展是指一种"敞开"和"接纳"，"和而不同"，形成完整互补的关系动力体系和网络，实现关系动力的一种"共享"，投入和创造相互价值的活动，在功能上互相补充、相得益彰。

社会主体和社会客体双方通过社会中介环节，可以能动地改变内部社会关系动力体中的不均衡状态，平衡"三元关系"之间的矛盾与冲突，将单向支配式的社会关系方式转化为真正意义上的交互活动，促成无差别的有序、和谐发展情景，从而也是一个"三元一致"的过程。

有序、和谐发展的社会关系是充满创造活力的，相互衔接、相互适应、相互促进、良睦互动且全面、可持续平衡、有序发展的社会关系。对当代有序、和谐发展的社会关系建构来说，古今中外的相关理论资源有重要价值。如老子指出"万物负阴而抱阳，冲气以为和"，并认为阴阳二气虽然处于不停的冲撞之中，但它们始终能在"道"的统一下形成对立统一关系。儒家代表阐发的关于"和"的思想理论和思想智慧，关于"居中致和"的社会关系动力，关于人文与自然相须互动、和谐相处的社会关系动力，很具有现代价值的"古今通理"。比如，孔子倡导人与自然和谐相处，把"知命畏天"看做君子具备的美德，他还用"仁"的观念建立人际关系，在《论语·为政》篇中，孔子说："为政以德，譬如北辰，居其所，而众星共之。"这其实是一种社会关系动力模式。他还从仁爱的观点出发，认为社会应当是一个老者安之、少者怀之、朋友信之的社会，是"天下为公，选贤与能，讲信修睦"的社会关系动力格局。孟子提出"天时不如地利，地利不如人和"。荀子提出"和则一，一则多力"等。

从系统论来说，整体由部分组成，但是整体不等于部分之总和，当整体的内部处于有序发展状态时，整体大于局部之总和，这是整体功效的放大。当整体内部处于无序状态时，整体的功效就可能小于部分功效之总和，这是整体的内耗。各子关系体之间的协同，就意味着总功效的放大，也就是竞争力提升。

怀特海说："对于它的每一成员来说，一个群集就是一个含有某种秩序要素的环境，它因为其成员间的遗传关系而持续。如此的一个秩序要素便是该群集中的一个普遍秩序。"① 众多的实际实有为什么会聚集在一起而持续下去呢？是因为它们共有一种秩序，彼此间有种种遗传的关系。照怀特海的说法，"水晶，岩石，行星和恒星"都是"群集"，群集与群集彼此不是孤立的，每一个群集都有由实际实有组成的更大的群集作为它的背景。世界将自己展示为一个由众多实际事物组成的关系体，实际实有化为具体的过程，被怀特海称为"合生"。②

抽象来说，当代有序、和谐发展的社会关系动力模式构建要兼顾有序、和谐发展的社会关系的一般规律和特色，建立共性和个性相结合的模式。具体来说，应该遵循发展原则。发展的逻辑和秩序影响有序、和谐发展的社会关系动力模式的选择。因此，有序、和谐发展的社会关系动力模式应与发展水平相适应，与现实进程相协调，与理想的优化紧密结合，适应社会就会形成"和"序，增强利益分配的公平性。

有序、和谐发展的社会关系目标是促进社会关系动力价值资源的合理配置。这样，模式选择还要处理好公平与效率优位的关系，要考虑关系的区位、环境、职业、平台、文化等方面的特色，特色不同，其关系动力的功能也不同。

社会关系动力有物质动力，也有精神动力。有序、和谐发展的社会关系动力模式应该考虑这两种力量的作用并要妥善处理二者之间的关系，自觉坚持以人为本，以社会主体为重心，着重于各种关系要素的有序、融洽、和谐的环境构建。市场和个性价值都应是促进有序、和谐发展的社会关系动力模式构建的重要力量，比如，市场机制不仅通过促进有序、和谐

---

① 怀特海：《过程与实在》，转引自周邦宪《初议〈过程—关系哲学〉》，《华中科技大学学报》（社会科学版）2009 年第 1 期。

② 周邦宪：《初议〈过程—关系哲学〉》，《华中科技大学学报》（社会科学版）2009 年第 1 期。

发展的社会关系各种动力因素的发展成为有序、和谐发展的社会关系的间接动力和外生变量，而且直接推动有序、和谐发展的社会关系的进程，是有序、和谐发展的社会关系的直接动力与内生变量。

所以，市场与个性化要求在选择有序、和谐发展的社会关系动力模式的过程中要坚持全面性原则，以经济利益的增长为基本宗旨，以个性化的充分发展为总体目标，使社会关系动力功能得到充分发挥，形成一股强大的社会发展力量。

第二章　关系生态论

第一节　生态位理论与关系范畴

一　生态位研究的意义

生态位（Ecological Niche）是指一个种群在生态系统中，在时间空间上所占据的位置及其与相关种群之间的功能关系与作用，也指在特定时期的特定生态系统中，生物（可以是个体、物种、种群）与环境及其他生物相互作用过程中所形成的相对地位与作用，包括生物的时空位置及其在生态群落中的功能作用，是生物对关系动力资源和环境的选择范围所构成的集合。每个生态位所占据的关系动力资源或空间是多维的集合，认知本体生态位的条件和关系动力资源，是为了很好地利用它。

作为生态科学的基本理论，自20世纪80年代以来，生态位理论开始被引入社会科学研究领域，成为研究人类社会巨系统中的分析工具。

实际上，生态位概念被提出后，几十年来一直在丰富和发展。比如，从生态位概念的研究进程来说，1910年，美国学者R. H. 约翰逊第一次在生态学论述中使用"生态位"一词。1917年，J. 格林内尔的《加州鸫的生态位关系》一文使该名词流传开来，但他当时所注意的是物种区系，所以侧重从生物分布的角度解释生态位概念，后人称之为"空间生态位"。1927年，C. 埃尔顿在《动物生态学》一书中首次把生态位概念的重点转到生物群落上来，强调"功能生态位"。1957年，G. E. 哈钦森建议用数学语言、抽象空间来描绘生态位。例如，一个物种只能在一定的温度、湿度范围内生活，摄取食物的多少也常有一定限度，如果把温度、湿度和食物多少三个因子作为参数，这个物种的生态位就可以描绘在一个三维空间

43

内；如果再添加其他生态因子，就得增加坐标轴，改三维空间为多维空间，所划定的多维体就可以看做生态位的抽象描绘，他称之为"基本生态位"。但在自然界中，因为各物种相互竞争，每一物种只能占据"基本生态位"的一部分，所以他称这部分为"实际生态位"。

后来，R. H. 惠特克等人建议在生态位多维体的每一点上，还可累加一个表示物种反应的数量，如种群密度、资源利用情况等。于是，可以想象在多维体空间内弥漫着一片云雾，其各点的浓淡表示累加的数量，这样就进一步描绘了多维体内各点的情况。此外再增加一个时间轴，还可以把"瞬时生态位"转变为"连续生态位"，使不同时间内利用相同资源的两物种，在同一多维空间中各占不同的多维体；如果进一步把竞争的其他物种都纳入多维空间坐标系统，所得结果便相当于哈钦森的"实际生态位"。

与自然生态系统中的生物相对应的是人，人所包含的范围影响到关系生态位的外延。其实，在社会领域也一样，任何一个观察对象都可以定义为一个生态位。在具体的社会关系生态系统中，每一社会关系体都以相应的社会关系动力体，也即具体的生态位而存在。生态位决定了一个社会关系动力体在社会关系动力生态系统内作用的过程及方式，以及在社会关系动力生态系统内运动的道路选择和发展对策选择。

社会组织在关系生态系统中也可界定为占有一定的关系生态位，并用界定的"空间位置和功能"来确认其"理想生态位"和"现实生态位"。重要的是怎样认知本体生态位的条件和关系动力资源，并很好地利用它。有序、和谐的关系生态依赖各生态位功能的健全及它们之间的相互衔接、协调运转。在这个过程中需要从整体效应的要求来看问题，要研究关系动力生态过程中各个侧面和层次的整体性功能及其规律，关注整个关系主体生态位的实效性运行的全部因子的综合作用。

总之，生态位研究有利于发现各动力要素之间相互作用的机理和方式，优化关系动力资源配置。

二　关系生态及社会关系生态

在生态学中，生态是指生物在自然界中的生存状态。就现代汉语中的"生态"来说，一方面始终保持着与生存、生命和生产的密切关联，另一方面又具有总体性、整体性和全面性。就语言用法上的"生态"而言，一是作为形容词，"生态"即生态的，主要指有利于生物体的存在，它对一切生命持续存在有所帮助，如生态农业、生态食品等。二是作为名词，指环境总体，即包括人在内的物与物的相互关系，如自然生态、行政生态、社会生态环境。

从系统论来看，整个世界是个无限的物质系统，在这个无限的物质系统之下，有许多相互联系的小系统，那就是万事万物。把万事万物看成一个个完整的小系统，是为了强化万事万物相互联系、相互制约的认识。因此，关系生态必然也是一个系统，在这个关系系统外部是关系的关系，关系的关系外部又有关系，于是就构成了更大的关系生态系统。

"关系生态"是指各构成关系动力要素在系统机理下形成的因果联系和运转方式。在关系生态中存在两大基本"关系"之间的关系，即"人—关系"跟"人—非人关系"之间的关系。通过对关系生态结构化梳理以及优化可以更好地实现关系生态的有序、和谐发展，促进关系主体的全面发展，促使关系生态朝着动态平衡的目标发展。基于这样的理解，社会关系生态就是人在关系动力环境中的生存和活动状态，它是作为系统整体存在的，是关系动力资源—人—关系动力环境之间相互关系的总和。

因此，生态思维范式就是一种系统的、整体的、有机的观点，内在联系的观点。

结构是现代科学和社会生活中的一个重要概念，它是事物内在矛盾及其性质的承担者，表示事物构成要素间的稳定联系及其作用的方式。包括组织形式、排列顺序、结合方式等，反映了一个事物区别于其他事物的内在规定性。现代系统论认为，凡是系统都有结构和功能，系统是结构和功能的统一体，结构是系统内在的、微观的和分析的特征，要完整地把握事物的质和量，把握发展之度，就必须弄清楚事物的结构。因此，有必要认识社会关系生态系统的结构，以解析它的构成要素和组合方式。

社会关系生态系统作为一个巨系统有四大基本层次。第一个层次是物质关系系统。它由自然资源、人口和环境等要素所组成。社会关系生态的物质层面即在一定生产力发展状况之上形成的一定的经济关系、经济结构和经济制度等因素所构成的环境，是社会关系生态的物质基础。

第二个层次是政治关系系统。它由各社会关系子系统组成，包括体制、政策、法律法规、教育等子系统。

第三个层次是经济关系系统。它可划分为生产、流通、分配、消费关系。

第四个层次是信息情报系统。信息构成了社会关系生态实践活动发生和过程展开的中介环节，反作用于物质生态环境系统。社会生态链与自然界的生态链有很大区别，它更多的是社会信息流的富集关系。从一定意义上说，社会关系动力生态是一个实践生态，而实践活动首先是信息的同化过程，即实践最终积淀为人的精神结构、目标、目的和计划以及内容等，这些都是主体思维创造的信息。

三　关系生态中的"关系"

关系生态中的两大基本"关系"包括关系生态位的重叠与分离。

（一）关系生态位的重叠

在关系生态系统中，关系生态位重叠是指两个或两个以上关系的关系生态位全部或部分相同。关系生态位重叠可以出现在一个维度上，也可以同时出现在多个维度上，包括关系生态位包含、关系生态位交叉和关系生态位重合。其中，关系生态位重合现象在现实生活中并不多见。

当发生重叠时，关系主体在环境中充当同样的角色，具有同样的社会职能，需要利用同样的关系动力资源，在同一空间和同一时间内开展同样的活动。

一般情况下，竞争者越多，各生态位重叠越多。反过来，生态位的重叠又会导致竞争，生态位重叠越多，竞争越激烈。不同关系生态位维度上的重叠对关系之间竞争的影响有较大的差别。功能生态位维度上的过多重叠会导致竞争主体的增加，面临的竞争对手增多，从而增加了竞争的激烈程度。关系动力资源生态位维度上的过多重叠可能会因某些资源具有共享性和非消耗性而使竞争激烈程度的增加不太明显。

（二）关系生态位的分离

生态位分离是指关系密切的主体异域分布，包括关系生态位邻接和关系生态位远离。

当两个关系主体的关系生态位远离时，说明彼此在关系生态位的功能维度、关系动力资源维度和时空维度都互不相连。在关系生态中，关系主体一般都倾向于占据不同生态位，通过生态位分离来更有效地利用关系动力资源，以避免激烈的竞争。社会关系生态位分离对社会职能的完善程度、社会竞争的有无、社会关系动力资源利用的充分与否都有直接的影响。

当关系主体的关系生态位处于邻接状态时，竞争不明显，社会所需的功能也不会缺位，社会关系动力资源能得到较充分的利用。当关系的关系生态位处于远离状态时，虽然关系之间没有竞争，但社会关系动力资源得不到充分利用，还可能会出现功能缺位的现象。

四 关系生态位的核心概念体系

（一）关系生态位的维度

关系生态位是多维度的。为了研究的方便，将关系生态位归纳为三个维度，即资源维度（关系动力资源生态位）、功能维度（功能生态位）和时空维度（时空生态位）。

（1）关系动力资源生态位。关系动力资源生态位是指关系主体在环境中占有和利用关系动力资源的状况。活动和发展需要一定种类和数量的关系动力资源，对于特定的需求而言，关系动力资源总是稀缺的，关系主体必须获取、占有和利用相应的关系动力资源，在环境中取得相应的关系动力资源生态位。关系的关系动力资源生态位主要是由其关系动力资源需求、关系动力资源获取与利用能力决定的，关系的关系动力资源生态位决定了关系主体在环境中的生存和发展能力。

（2）功能生态位。功能生态位是指关系主体在关系动力生态环境中所充当的角色及其所承担的职能，反映的是关系主体的角色定位和关系之间的职权定位。关系的功能生态位主要是由关系主体的素质和分化决定的，而关系的功能生态位又决定了关系主体、活动内容以及对关系动力资源的需求。

（3）时空生态位。关系主体的生存和活动离不开时间和空间，必须取得相应的时空生态位。关系的时空生态位主要取决于关系的活动性质和时空占有与适应能力，又决定了关系主体的活动效率和效益。时空生态位包括时间生态位和空间生态位。时间生态位是指关系主体活动占用的时间段；空间生态位是指关系主体生存空间（关系所在地）和活动空间（即关系获取、传递和提供服务的空间）的类型（现实空间或虚拟空间）与区位。

（二）关系生态位的宽度

生态位宽度是指关系在不同的关系生态维度上对多个环境因子适应、占有和利用的范围与数量。关系生态位宽度表示关系具有功能和利用关系动力资源多样化的程度，也反映了关系动力资源利用能力和竞争水平。在不同的关系生态位维度上，有不同的关系生态位宽度的概念，其含义有所差异。关系主体在同一时期内可以只充当一种角色，也可以充当两种甚至两种以上的角色，充当的角色越多，其功能生态位就越宽；只充当一种角色，则其功能生态位较窄。即使是同一角色，承担职能多的关系的生态位比承担职能少的关系的生态位宽。

如果关系主体占用的关系动力资源的种类多且各类关系动力资源的规模大，则其关系动力资源生态位宽。如果关系主体占用的关系动力资源种类不多，但占用每种关系动力资源的数量较多，其关系动力资源生态位也较宽。如果关系主体占用的关系动力资源种类较少，且占用每种关系动力资源的数量也较少，则其关系动力资源生态位较窄。

时空生态位的宽度主要是指关系主体在环境中占用空间类型的多少与占用空间的大小以及占用时间的长短。如果某关系主体占用了多处空间且每一处空间都较大，或只占用一处空间但该空间很大，则该关系主体的空间生态位较宽。如果某关系主体只占用一处空间且该空间不大，则该关系主体的空间生态位较窄。关系主体占用的活动时间越长，则其时间生态位越宽。

社会分工的粗细程度、关系动力资源的丰乏程度以及关系主体的竞争能力等对关系生态位宽度有重要的影响。社会分工较粗时，关系主体扮演角色的种类较少，关系主体要承担多方面的职能，关系主体的功能生态位就较宽。社会分工越细，关系主体扮演角色的种类就越多，每一关系主体所承担的职能就越少，其功能生态位就越窄。

关系动力资源状况对生态位宽度具有决定意义。关系动力资源丰富时，关系主体的关系动力资源生态位较窄，倘若关系动力资源贫乏，关系主体的关系动力资源生态位则较宽。如果说社会分工的粗细程度和关系动力资源的丰乏程度是决定关系生态位状况的一般因素和前提条件，那么关系主体的生存竞争能力则是决定其关系生态位宽度的根本原因。生存竞争能力较强的关系主体，可以在社会中充当多种角色，承担多方面的职能，占据多种关系动力资源，在较大的空间范围和时间范围内实现关系动力，获得较宽的关系生态位。

因此，关系生态位宽度对关系主体之间的竞争的激烈程度有很大影响。关系主体生态位较宽时，关系主体之间在功能和资源占用方面较容易发生竞争。关系生态位较窄时，可减少竞争，但如果所依赖的关系动力资源因某种原因急剧减少，就会危及某些关系主体的生存。

（三）可持续关系生态位

可持续关系生态位，是从广义的可持续关系概念出发、理解的。关系的可持续或可持续关系不同于纯粹的"一次性、流水线"关系，包括两个层面的意思：一是主体在可持续关系状态下持续地实现发展目标的过程。二是主体在可持续关系格局中处在公平、高效和得到广泛的"集体认同"的状态。

可持续关系生态位，决定了一定时空条件下，主体自身在可持续关系格局中实际占有和可控制的可持续关系动力。

主体间由于其可持续关系互不相同而且处于不断的变动中，不同主体在一定的时间内拥有不同的可持续关系位，同一主体在不同的发展阶段（时间范畴）也拥有不同的可持续关系。因此，可持续关系既反映主体自身实力在自身可持续关系格局这个系统中所处的位置，也反映它与其他实力的联系，即与其他相比较它们各自处于一种什么样的位置。

由于在主体自身可持续关系格局里，每个主体与别的主体共处于这个系统中，它们相互之间形成了各种关系，构成了自身可持续关系位格局。在这个格局中，每个主体都占有一定的位置，这种位置是一种客观存在，是其综合实力在可持续关系中的客观反映。这种可持续关系的综合实力不仅反映当前一定时期的综合实力，而且规定和预示着未来一段时期内综合实力的发展变化方向。

由于可持续关系是时间向量的函数，是时间的变量，因此在不同的时间里，主体占有的可持续关系基本位也会有所不同。这是因为，尽管主体之间保留了许多相同的因素，但一旦时间发生推移，或无论是经济、政治发展水平，还是关系动力资源占有，都会或多或少地发生变化，这些变化势必引起这个可持续关系的综合实力的变更。

随着这些差异层面的扩大，主体在自身可持续关系格局中所占有的可持续空间关系位也有所不同，所有这些不同决定了主体可持续关系动力不可能是相同的。由于具体历史和现实条件的不同，可持续关系的目标、模式和步骤都有所差异，但共同推进自身可持续关系是关系主体的共同目标。关系主体的可持续关系必须纳入自身可持续关系的总轨道当中，这就会出现自身在可持续关系体系或总轨道中所处位置以及发挥作用的问题。

实际上，关系生态位理论体系应有众多的概念群。在关系动力生态中，人必须获取、占有和利用相应的关系动力资源，在关系生态中取得相应的生态位，还包括多种内容性质不同的具体关系生态位，如知识生态位、制度生态位、权力生态位等。

第二节　关系生态中的分化与和谐

一　关系动力生态中的跨距离

跨距离的关系动力是"差别与联系"所激励的一种动力梯度。对于一大距离性存在，个体对其内含的距离关系及其动力所占有的距离的量与质总是不足的。距离逻辑下，实践过程就是为了获得更大的距离关系占有量，需要尽可能以更少的成本获取更多的距离关系。跨距离的特性决定它可以形成一种包含大距离、大的梯度，能激励产生强大动力的存在，形成有序发展的结构分岔。

关系动力生态的跨距离关系弥合，应是纵贯融合性的，在个体占有的距离关系不足的时候，就必须减少跨距离关系成本。距离弥合性越好，标志着关系动力越强，体现了从一个层次到另一个层次的跨距离实现着的价值。那些关系动力丰富的主体，其跨距离能力就强，跨距离对人的全面的关系支持对于提高实践主体的实践能力有着重要的意义。

跨距离关系的程度与速度，表达着关系动力过程的强度。从关系动力的时间特征来看，一定的时间内应完成一定的空间距离的客观规定，对过程需要进行速度控制。速度要适当，实现适合发展的距离关系控制速度，实现共同的一致的速度，以达到大于等于各自的原来的速度的目的。

关系变化速度的控制关键在于对时间中介距离关系的控制，即时间运动变化中的完成距离的控制。从运动视角看，理想的跨距离过程应是一个高速度的控制过程，保持对控制节点刺激的敏感和积极回应。节点是对一定距离进行速度变化过程控制的现实关系动力点。在一定的关系变换速度下，运动关系的连续、有无产生现实距离中介，其作为关系变化运动速度的实现载体，表示相互作用关系的一致性、连续性。

在一定意义上说，一定的距离关系就只能相应地规定一个确定的质。这里，恒等关系动力应在关系动力中具有支持功能、核心功能，提供有效的距离关系及其动力保证，维系和推动关系的发展。跨距离实现的动力机制要基于恒等元功能的发挥。相对的，在一定距离阶段上只有一个由一定关系动力以固定方式推动，这就决定了距离速度，即距离为定值。跨距离，在各阶段上，应从简单向复杂逐步过渡，由低水平的部分向高水平的整体逐步完成。横向与纵向的关系距离融合，反映了跨距离关系的阶段与层次的整合，体现着距离运动关系内驱动力过程与结构的耦合性。

关系的纵深发展会使距离关系越来越远，如果没有强大的关系动力，跨距离将是不可能的。要善于在差别很大的现象及问题中找到内在的跨距离联系和统一，找到合适的跨距离关系及其动力激励，必须与生活实践、主体信息架构及其对未知探索融为一体，并使跨距离最大限度地基于整体距离无缝化。这样，跨距离关系动力建构及机制应在主体、客体及中介的存在为前提的"三元关系"框架内解释。

"三元一致"是关系动力思想形成和系统化的发轫点。从"心理距离"到"三元一致"的发展存在必然的逻辑联系。随着主体、客体与中介"三元关系"矛盾关系的变化，其具体跨距离关系也不断变化。"三元一致"的强关系动力价值使我们对实践主体的本质有更全面的认识。

在一定的关系中考察三元的生存和发展，应基于特定的关系论或以建立新的关系论为旨趣。将三元存在当作互不相干，不但不能互相促进，反而互相干扰，从而也影响关系动力整体的提高。

在关系动力生态中，如何在跨距离进程中做到"三元关系"差异的距离弥合或"三元一致"？这就要实现：（1）对跨距离关系的认识。（2）探索跨距离关系表征的特点。（3）分析影响关系动力发挥的因素。（4）跨距离分割并比较跨距离关系分割中的差异。（5）辨析跨距离关系连接中的错误。使处于自由状态下的无序关系的路径最短，联系最紧密，而使有序发展关系按照一定的距离梯度排列成势，形成大的关系动力。关键在于速度控制的距离节点、时间节点与距离密度、难度等，即进行距速（一定距离中的运动速度）控制。就距离关系动力生态运动来说，要保持距离关系体系的连贯运动，保持一种匀高速直线运动，这样的关系动力生态才不会太疏散，空间内不会有太多的空白区。如果过程的距离关系太曲线迂回，实现目标的距离，比如时间距离太长，则效率低，这也是一种有难度了。所以，就应优化搜索的距离关系，找到适合系统对象元素的速度。

距离弥合与主体的起始速度关系重大。可以用"离度"概念表示一种个体既定的现实的离始（历史）关系，即在一定距离过程中的起始关系。距离关系存在复杂的情境的离始关系。距离弥合需要面对复杂的离始关系，以及高速的"离开"运动控制，首先要找到离始（历史）关系的起点或"零点"。从一定的距离定值开始，就要实现控制离度（离开）变速。一个良好的关系动力，就应使个体在距离关系的"零点"阶梯上，实现同新的距离发生更为广阔、便利的距离联系，使其实现在广度和深度上此前发展阶段都无法比拟的动力，达到个体发展阶段的最高点。站在这个高度的个体，一定意义上将结束自己的距离弥合过程。

二　社会关系动力生态中的分化与竞争

（一）分化与竞争的含义

对人类而言，生态是指围绕着人群的空间以及其中可以直接或间接影响人类生存、生活和发展的各种因素的总和。

人是由物质和精神有机结合的统一体，对应于物质和精神的双重性，人类不仅有物质性生存和活动，而且有精神性生存和活动。人类的物质性生存与活动需要自然生态，人类的精神性生存与活动也需要社会关系生态。

在传统技术条件下，社会关系生态环境是现实的。而在现代技术条件下，社会关系生态环境可以是现实的，也可以是虚拟的，人们可以在网络这个虚拟空间环境中生存和活动。关系生态位也包括网络关系生态位，包括网络生态位。

在社会关系动力网络中，分化与突出中的社会竞争是指一个关系体在其从属的关系网络中相对于其他关系体的资源动力优化配置。通俗地说，社会竞争是本关系体在关系网络中吸引资源和争夺社会关系动力。"社会竞争"可以是综合的全面发展，也可以是个别的快速发展。社会关系生态由于外界和内部本质的激励与推动而衍生出"分化体"与突出体，而"分化与突出"的原因，一是本身不符合社会关系生态的需求特性和标准而日趋败落，以至消失，进而导致整个体系的衰落。二是其具有强大的生命力及旺盛的发展势头，经过不断的发展逐渐脱离出原来的系统，组建成更先进、更具有创新能力的新的社会关系动力体系，原有社会关系动力体系也会由于"社会分化"而得到不断的升级，整体功能不断增值或呈相反的变化趋势。

把一个社会关系动力体看成一个复杂的大系统，它由诸多要素组合而成，社会分化与"社会竞争"相统一。

社会分化过程中除了不同层面、不同隶属关系外，也存在不同的空间属性。隶属关系指"社会分化体"属于哪个部门，受来源方制约。不同层面指所处的社会位，如阶层、企业、网络化和社会层面等。空间属性指各社会关系动力的区位的分布，社会关系动力结构体系在区位上存在较大的差异，可以高度集中于一个很小的区位也可能高度分散，分散于一个国家内较广泛的区域，甚至更广。但在全球化、区域一体化趋势的不断加速及科学技术高度发达的背景下，介于国家和城市之间的载体——区域正以各种方式参加到发展空间，区域成为重要的"社会分化"载体。一般来说，不同的价值主体有不同的符合自身发展的最优区位，由于不同的区位所具有的动力供给状况、资源等的不同，其优势也往往只体现在某一环节、某一阶段和某一区位上。关系体的分化在时间上可将其发展阶段分为"萌芽、成长、成熟和衰退"四阶段。在萌芽阶段与衰退阶段自然社会分化需求不高，社会分化程度也低；而成长阶段、成熟阶段更容易出现"社会分化体"。

社会关系动力结构网络的各个组成部分之间是相互依存、相互联系和不可分割的。各系统间健康、协调和谐的发展这一属性要求系统注重自身行为对网络内部环境及其周围环境的影响，只有能与周围环境和谐相处的系统网络，才能得到长久的可持续的发展。

社会竞争的展开必须改变，打破系统的旧有平衡，实现从不平衡向动态平衡的变化。作为一个系统，就必然会与其周围的环境发生物质、能量和信息的交换关系。因此，关系体因素的主要属性，如程度、规模、生命周期阶段，同时历史、文化、风俗观念、社会意识形态等对竞争激烈程度、发展程度都是制约因素。

"社会竞争"是通过培育关键种或功能种，使其向整个传统系统组织结构根基动摇的方向变革。如果它不符合关系生态的需要，那么社会分化体就会很快解体，继续进行循环运动。如果外界条件适应，那么它就会很快组织成一个突出的、新的甚至与原先社会关系动力体系完全相异的存在。

社会关系动力结构体系也可以说是一个复杂的网络组织，"社会分化与突出"的程度在不同的关系体中存在较大的差异。组织系统发展可分为渐变与突变两种：渐变以完善现有系统为目标，而在长时间内对其进行缓慢、波动范围较小的变革。突变是一种迅捷的、根本变革式的创新，但持续时间不是很长。在科学技术发展日新月异的情况下，特别是对于比较成熟的组织，仅仅采用渐进式的方式发展是不充分与不现实的。

（二）竞争策略

（1）协同。协同即通过各子关系体之间关系结构的协同性和各个行业之间的关联性，以增强关系体的整体竞争优势。协同思想要求把关系生态中的子关系体都看做一个相对独立的关系体，建立起复杂的关系动力体系指标，去描述和判断关系实力。然后通过与其他关系动力社会主体的比较，按照规模化与特色化原则要求，进行社会竞争的关系动力资源配置。

在这里"规模"不仅指个体规模、集团规模，而且指群体规模和品牌规模等。"规模化"，即通过竞争获得规模关系动力效应，从而强化关系体竞争优势。就协同与规模化的区别来说，协同主要从关系活动的角度强调各子关系体的关联性；规模化则主要从关系效益的角度强调各子关系体的关联性。这两个原则都是关系系统规律、整体大于局部之总和规律的综合运用，但角度有所不同。

特色化主要是防止关系生态走向平衡态，而规模化则是防止小关系体走向平衡态。这里，关系体应利用关系生态中出现的可以利用并且有利于自己发展的变化趋势趁势造势，加速发展。

（2）开放。这是社会竞争中的关系动力生态的开放系统思想的应用。系统理论认为，关系动力结构系统作为一种特殊的组织形式，它的结构特征、形成机理、作用过程及演化机制都表现出显著的自组织性，其本身也正因为其适应了上述结构系统的发展趋势，随着环境或本身的性质而不断升级与改善。

社会竞争把相关要素分为"直接关系动力因素"和"间接关系动力因素"，包括制约关系动力构建的各种自然因素、社会因素和人为因素，认为所有的因素都对竞争起制约作用。社会竞争不应仅仅是关系体内部关系的建构，而是面向开放的、创新性的关系动力结构系统。鉴于此，扩展距离关系动力结构的链接延伸关系，不应把关系动力结构认为是闭环流动性的，其结构本身是封闭的。把关系动力体系看成与外界隔绝的状态，不与外界进行物质、能量的交换，一切只在系统内消耗与循环。把组织的升级、变迁看成内部要素的影响或激励。关系动力结构网络之所以能够产生并保持持续的竞争力，正是系统自我创新、自我增值、自我进化的结果，缺乏充分的开放性，内部各关联不紧密的系统必将衰亡。

因此，在社会竞争中，"协同"与"开放"原则要求在考虑关系体的突出与社会分化发展时，要把思路扩大到一个更大的开放范畴中去，在更大的关系生态范围里考虑关系体的定位和功能，以及关系体资源优化配置。强调利用关系生态中有利于自己发展的变化趋势，当这种趋势没有出现时，那就应该主动把更广阔范围中的关系生态中的优势转化为自己的关系体的优势，以提高关系体在关系生态中的地位，并使这种地位得到认同，这样，关系体就能在更大距离空间内实现资源的优化配置。

总之，一定意义上已经进入社会关系动力的时代，社会关系生态是表征人的"类"本质和本质力量的"确证"。暂不论市场本身就是各种社会关系动力的总和，从日常生活来看，社会关系的交往是必须进行的。

社会竞争，可以说是社会关系的竞争，或者是在社会关系动力中进行的，它是关系主体之间的一种实力的较量。关系主体要占据应有的社会关系动力生态位，实现潜在的社会关系动力生态位向现实的社会关系动力生态位、实际生态位向理想生态位的科学转化。

三　社会关系生态的有序和谐发展

随着市场经济以及各项事业改革的推进，由于不同主体具有不同的利益诉求，追求眼前利益，很多人陷入一次性、临时性、流水线式的极端功利性的社会关系生态中。同时，区域社会关系以及社会关系动力资源结构比例的不发展，导致了人的社会关系行为在社会关系可持续发展过程中没有占据相应的生态位，发挥其应有的作用，行使相应的权利和履行相应的义务，限制了人的社会关系生态位的健康发展，这种巨大的差距显示出社会关系生态发展的不成熟性，使有序、和谐的社会关系生态位严重分离。

人类在适应社会生态的变化过程中，生态位势要求将每一位社会关系主体作为独特的生命个体来对待，正视并尊重社会关系主体的心理世界和内在需要。可以预见，追求长远效益和社会效益的困惑，社会关系动力资源占有的不均衡性等，这一现实社会关系的矛盾与困惑将体现得更加集中。而当这种社会关系生态发展到极端，就成为一种统治人、压抑人的力量了。健全的社会需要良好的社会关系动力生态,不断地塑造、完善着自我。所以,当前构建有序、和谐的社会关系生态极端重要。

纯粹自然界的社会关系动力是一种自发的关系,社会关系生态位变化主要是自觉的,这就为社会关系生态的自觉优化、构建有序与和谐的发展生态提供了条件。

社会关系生态的优化要特别重视关系主体的和谐社会关系能力培养。因此,在实际的关系动力生态系统中,相互作用、相互依赖的因素很多、很复杂,应该根据关系动力生态的有序、和谐发展系统的内在矛盾运动、客观规律合乎逻辑地、观念地再现其中的核心要素。

在关系动力系统中,关系要素可分为无感关系和敏感关系。前者是对关系动力系统影响不大,可忽略不计的因素。敏感关系是指对关系动力生态有序、和谐发展有着直接影响的因素,它是实现关系动力生态的有序、和谐发展的必要保证。关系主体是一个非常活跃的关系动力,也即关系主体是敏感关系。

在现代主义语境中,主客体二元对立思维常把受动者仅当作客体看待,视为被改造的对象,这会使关系动力生态的有序、和谐发展的针对性受到严重制约。关系动力的生态思维范式,认为主客体二元对立思维有着极大的片面性。在社会关系中,受动者其实也是作为一个客观的主体位势存在。关系主体与主体之间的相互作用关系表现出来的"交互主体"性,实现关系动力生态的有序、和谐发展的内在要求,是现代的价值诉求。

关系主体作为社会系统的一个子系统,与开放的社会生态密切相联系。同时,反作用及影响社会生态,制约着社会生态的有序、和谐发展。

社会生态本质上是一种人与人、人与社会的利益关系。在这个生态系统中,在社会关系动力资源一定的情况下,在一封闭共同体内,在社会关系动力一定下,当关系主体之间功能和社会关系动力资源占用方面重叠较多,就会加剧关系主体的竞争,某些弱势关系主体则可能由于自身的能力被排除在社会关系生态圈外。而如果社会关系动力生态位彼此分离则可能会出现关系功能生态位的缺失,有可能影响关系主体的多样化的需求。当某些关系主体占据的社会关系生态位较宽时,其他关系主体的社会关系动力生态位则会被压缩，或者容易发生竞争。

还应该面对的事实是：关系主体的社会关系动力资源需求增长总是无限的，现实中的供给是有限制的。根据人的社会关系行为在可持续发展过程中所占据的位置，注重当前生态位状态，而且还要根据供给来规定和预示人未来特定时期社会关系生态位的可发展变化方向。

有序、和谐发展的社会关系生态应是社会关系动力结构相对均衡，关系主体的社会关系动力水平、比例、增长速度合理，关系主体不承受过度的压力等。从社会关系动力实效来看，这种社会关系是每一位社会关系主体都能接受适合他们个性特点和需求的、健康成长的和促使他们自我发展的有序、和谐生态。

从根本上说，社会关系生态位的变化是由社会关系主体社会关系职能的变化、社会关系动力资源的变化、社会关系主体能力的变化等因素引起的。社会关系主体自身的能力强，可以扩展其社会关系生态位，或开辟新的活动领域并利用新的社会关系动力资源而特意使自己的社会关系生态位发生移动。

社会关系生态结构的非均衡性，反映了人社会关系的社会关系动力资源生态位较窄，或者说社会关系生态位重叠现象严重，导致了社会关系生态中的功能生态位出现了问题。在全然开放的社会生态系统中，从社会关系主体的需求出发寻求社会规范与社会关系主体需要的对话渠道，找到适合每一位社会关系主体的社会关系实效性位，并根据环境的变化进行协同变化。

环境有助于形成强烈的归属感和向心力。一定程度上，社会生态决定着社会关系动力生态的有序、和谐发展，社会生态环境形成良好的关系动力过程，这对于关系动力具有重要的意义。

有序、和谐发展系统来自关系主体的社会生活又反作用于社会生活，关系动力生态满足主体的社会需求。这里的需求有双层含义：一是指现实需要，二是指发展需求。这样，在关系动力过程中，一方面要让关系主体充分认识到关系中的真善美和假恶丑，形成较为完善的社会生活是非评判能力。另一方面要根据主流价值的导向、兴趣、意愿自由地表达思想和情感，使关系主体真正成为关系动力的主体，使自我发展和自我完善真正成为自觉。把社会生活看做社会关系动力生态的有序、和谐发展源头，大大增强社会关系动力系统的吸引力和渗透性与实效性。

网络化、价值多元时代，社会生态环境信息会不断地生成，关系主体可以获得丰富的信息资源。关系主体所拥有的社会信息是因人而异的，其质量也更依赖主体的自觉能动性。而社会不断地输入、更新大量多样性的特征信息，各种社会信息形态不可避免地与关系主体之间进行频繁的信息交换，会对关系主体的主流关系产生干扰，甚至引起动荡，引起关系主体信息生态系统的不平衡。

由于其中所传递的信息是动态的、全方位的，关系主体的信息生态要与开放的社会信息系统相协调，要从社会生态环境系统中收集大量的相关关系信息，做到知己知彼，促使各相关动力要素全面协调、合理互动，实现有机多元动力组合，有效地促进关系主体的关系动力生态的有序、和谐发展。

社会关系生态有序、和谐发展问题还与政治生态密切相关。利益观上的所谓"精英中心主义"政治生态有很深的思想基础。这种利益观表现在发展过程中就是要优先保证一部分人的利益，它表面上是对社会公正和正义的维护，实为对既得利益者的辩护。对"精英中心主义"的政治并不是全部否定的，它的存在是有条件的，如在优先与否的选择上，这种条件就是，"优先"事实必须是真的，而且是不可避免的，就是在获得优先发展之后要对没有优先权的进行及时的补偿。必须对各方的利益矛盾进行严格的调查和论证以保证在优先发展和后发展之间产生的矛盾是真的且是不可避免的、不可调和的。不是要牺牲哪一方，而是要全力避免这种利益冲突。"社会关系动力"特征在于整体的利益意识，防止有不同社会关系利益的生态位发生不可调和的对抗，平衡各社会关系主体的利益对抗。

这种利益观在伦理上认为人与人之间都应是互为中介的关系。应积极推动互为中介关系生态的发展，打破社会关系圈子垄断的局面，推动多元化，促进社会关系生态位的结构合理化。

第三节 关系生态中的价值构建

一 关系动力生态中的社会价值网络构建

(一) 社会价值及其构建

价值这个概念的规定具有多样性。早在20世纪90年代，我国学界曾对价值的定义问题进行激烈的讨论。比如，王玉樑先生在其《价值哲学新探》一书中将价值界定归纳为六种类型，并对其一一作出了评价。[①] 也即"需要"论——"所谓价值，就是客体能够满足主体的一定需要"；"意义"论——"价值是客体对主体的意义"；"属性"论——"价值就是指客体能够满足主体需要的那些功能和属性"；"劳动"论——"哲学的价值凝结着主体改造客体的一切付出"；"关系"论——"所谓价值，就是客体与主体需要之间的一种特定（肯定或否定）关系"；"效应论"——价值"是客体属性与功能满足主体需要的效应"，"是客体对主体的功效"。

邬焜教授对此六种类型的定义进行了具体分析。他认为，从哲学层次来看，价值是事物（物质、信息，包括信息的主观形态——精神）通过内部或外部相互作用所实现的效应。[②] 这里，相互作用，实际上认可了"价值"首先是一种"关系"；其次，这个关系体具有某种动力效应，也即"价值"可以认为是一种关系动力体。这样可以包容以上六种定义。

显然，社会价值范畴凸显人自身既是主体又是客体，可以视为一种关系体，内蕴处理人与人、与自己、与自然、与社会的关系动力。社会价值为实现人的全面发展提供了条件。根据社会价值的形式，社会价值可分为实物的社会价值、劳务的社会价值、人与人的社会价值。

当前，社会价值往往表现为极端化的方式。社会价值不是被看成生活的必然，突出表现在人的社会价值生态位还没有处在"各就其位"之中，进行正确的社会价值生态定位，甚至在社会价值生态中体现出一定程度的

---

① 王玉樑：《价值哲学新探》，陕西人民教育出版社，1993，第127～141页。
② 邬焜：《信息哲学——理论、体系与方法》，商务印书馆，2005。

奢侈与虚假的互相攀比。这种盲目攀比的"奢侈性社会价值""炫耀性社会价值"意味着作为社会价值主体的人与作为客体的社会价值动力资源出现了错位，人、物社会价值异化。

关系动力生态的崛起在很大程度上意味着人的生存方式获得了实质性提升，这种社会价值内涵肯定了人也是作为人存在着的。在关系动力生态中，社会价值网络建构的实效性体现了有效地防止社会实践的片面性、盲目性和破坏性。应该说，在"自然的人化"过渡之后追求"人的自然化"，而在"以物为中心"和"以人为中心"的过渡之后转入了人类的"生态可持续发展"，就需要从关系动力生态的角度去研究社会价值，并用社会价值去指导关系动力生成与运行。关系动力生态及其所建构起来的社会价值构成的统一生态整体使人的关系动力生态意识、方式等都纳入生态逻辑之中了。因此可以说，关系动力生态提供了重要社会价值构建视角与方法。

人生活于社会之中，社会价值构建与各种社会因素息息相关，与各种社会领域同生共构和相互依存，这种社会价值网络建构包括一切对社会生态关系动力生态中产生各种影响的内外关系动力要素，包括两个基本维度：纵向的前后承续生态关系和横向的周围牵制生态关系。

关系动力生态下社会价值网络建构吸取了系统论的思想，侧重社会价值网络建构客观事物的关系动力。在社会价值网络建构过程中，实体范畴水平上的社会价值网络建构论，还没有达到关系动力范畴的水平。社会价值网络建构过程需要尽可能以更少的成本获取更多的关系动力。

首先把一个个关系体看成一个个关系系统，把纷繁复杂的社会价值关系要素统合在一个关系动力生态中，这就使社会价值网络建构的结果不再是抽象的本质规律，然后再对关系动力网络指标体系和结构进行质的分析和量的考察。质的分析是基于自然发展趋势和在各种关系动力干预下的发展趋势表现，寻找、提炼构成和影响关系动力系统的社会价值要素；量的考察表现为计算关系动力体中各个社会价值要素量的大小，以确定关系动力系统中的社会价值要素地位或权重及其相关性，在关系动力比较的基础上形成建构社会价值网络。

（二）社会价值网络构建的距离逻辑

事物的发展是有序发展、无序混杂的，其中有许多隐含着差异、对立等意图的或停留在真实的或心理空间中的论题，其社会价值实效总有机会和偶然因素。社会价值网络建构过程就是为了获得更大的距离关系占有量，在个体占有的社会价值不足的时候，维系和推动社会价值的发展。社会生态一定程度上作为一种大众必需的生活内容的事实注定要对社会价值给予必要的重视与研究。

一个好的关系生态中的社会价值网络建构环境会形成良好的关系动力过程。其中，"距离"作为一种逻辑的威力，已经影响关系生态中的社会价值网络建构活动过程，成为关系生态中的社会价值网络建构的客观环境。距离是关系生态中的社会价值网络建构的空间。关系生态中的社会价值网络建构意味着形成相对封闭的距离关系，标记社会价值网络展开的有界性、收敛性与限定性等特征。社会价值网络具有一种凝聚力量的作用，把社会价值网络与社会生态紧密地联系起来，与社会生态的融合性越好，社会价值就越成为社会生态的强势动力，从而促使关系生态中的社会价值网络距离实现弥合。

关系生态中的社会价值网络总是一段距离中的建构，何以接近对象本身？需要距离中介。距离本身也带有意义。通过对距离的控制，距离本身也成了一种资源，社会关系生态中的社会价值网络距离弥合把"距离"看做一种"资源"来进行社会关系生态中的社会价值网络建构、利用。而这种资源在多元社会价值背景下的关系生态中的社会价值网络建构（包括社会共同价值网络建构）中尤为重要。

普遍的社会价值实际上是一种具体社会关系生态中的社会价值网络建构情景下的差异和独特性，一个具体的、针对个别的差异进行的普遍描述、表达，表现了关系生态中的社会价值网络建构的相对性、实效性差异，这种差异与具体实践有关。

社会价值网络距离弥合的确认，意味着对于其他的观点的批判及跨社会价值交流过程中的变化都持开放态度。当把关系生态中的社会价值网络建构看做一个包含不同特质的在一定距离逻辑下社会价值、社会价值主体与社会价值中介"三元关系"动力传递活动时，其着眼点在于关系生态中的社会价值网络距离弥合的动态的到达过程，也即强调关系生态中的社会价值网络距离建构的位移过程，其中既包括客体距离，也包括社会价值及中介距离，这里注重的是对三个角色变项的掌控，使"三元关系"动力系统的进化与关系生态中的社会价值网络建构保持均衡发展，实现社会价值最大化。

在社会关系生态中的社会价值网络距离弥合的实效性系统中，每一个具体的关系生态中的社会价值网络距离弥合实际上都是一个社会主体居于其中的有关"距离中介"的选择与操作。社会价值位势要求将每一位社会价值主体作为独特的生命个体来对待，正视并尊重其心理世界和内在需要。从社会关系动力来看，这种社会价值网络距离弥合是每一位社会价值主体都能接受适合他们个性特点和需求的、健康成长的、促使他们自我发展的社会关系生态中的社会价值网络距离弥合节点，如此才有现实化关系社会价值。

所以，要从社会价值主体的需求出发，收集、分析信息，寻求规范与个体需要的对话渠道，找到适合每一位社会价值主体的实效性位。在这个过程中，把理性自觉手段作为处理社会关系生态中的社会价值网络距离弥合的方法是必要的。理性方法是以平等的规范性思想和论证的普遍推理原则为基础的。通过这样做，理性自觉把平等的规范性因素纳入社会关系生态中的社会价值网络距离弥合之中。主客体关系被理解为有距离中介的平等关系，距离弥合的中心既在社会价值又在客体。方法创新的关键在于社会价值主体间的平等、有序发展，调动社会关系生态中的社会价值网络建构者的主动性和积极性。这样，社会关系生态中的社会价值网络建构者才能从一个控制者、支配者转变为一个真诚的对话者，在"社会关系动力"的推动力下实现由"我被"到"我要"距离弥合的转变。

建构从来不跳到与之远隔的其他对象上，而总要加以检视所经历的一系列距离中介，促使各相关动力要素全面协调、合理互动，实现有机多元动力组合，有效地促进社会价值网络距离弥合的实效性。也许为生活世界中的令人迷惑的细节，晦涩难懂、纷繁的事实与事件所威慑，对时态的掌握较容易顺着时间的接续方式考虑任何已成过去的对象而不容易进到它的将来或进到紧随其后的对象中；强关系生态中的社会价值网络是有序发展的，关系生态中的社会价值网络建构意味着建构的一种有序发展性。

因此，它必定是对客观世界的一种"距离格式化"。这种"格式化"的意义是控制各个对象的距离关系，或者说距离中介的使用把距离看做沟通的屏障来控制、消解，有利于这种观念的进程不受到阻碍。

从时间距离逻辑的角度理解关系生态中的社会价值网络建构活动，它需要借助于时间的逻辑划分它的清晰的动力结构，这个"时间距离逻辑"在社会价值网络建构进程的宏观或微观秩序结构中都影响显著。也许有一种纯粹客观时间的存在，但时间性更是现实的一种建构，它是在客体和主体间交流，反映距离逻辑中的顺序性、因果性和持续性的一种社会价值认知与实践框架，并以此作为关系生态中的社会价值网络建构客观世界变化发展进程和主体间交流的尺度。

其中"时态"的运用表现了"距离"重要的意义传递和协调的功能。时间距离在词汇层次上的表现，诸如以序列、期间、阶段、起源和发展等技术性术语来加以概念化，在关系生态中的社会价值网络建构无论是用过去时态还是用将来时态，都是违反主体社会价值生活经验的自然进程。时间距离中介使过去和将来的同样距离有一种类似的影响，时态的使用就顺着时间之流移动。当转向一个时间距离中的对象时，而把精力集中在时间距离的分割上，考虑时间和时间距离都居于其中、周而复始地建构和重建自然现实中何以更接近关系生态中的社会价值网络本身。正如语言是交往的工具，也是世界的界限，对社会关系生态中的社会价值网络时间距离弥合的距离中介的操作反过来也造成了对距离弥合的社会价值认同，成为结合过去和未来、今天以及空间距离的历史的社会价值，相对地减少了所谓关系生态中的社会价值网络建构的风险。

总之，抽象地考虑起来，距离中介逻辑既是关系生态中的社会价值网络建构的障碍也是支撑。在当代关系生态中的社会价值网络中，宏大社会价值的关系生态中的社会价值网络建构面临风险。关系生态中的社会价值网络是一种有中介的建构，在距离中介的参照下就削弱了距离因素在关系生态中的社会价值网络存在的种种差异化的距离阻隔。对关系生态中的社会价值网络建构距离逻辑的模糊、无距离中介使用，或时态的不当运用，对于关系生态中的社会价值网络建构内容来说只是堆砌在一起的一个无序建筑，它对关系生态中的社会价值网络距离弥合的接受、传达来说作用微乎其微，至多把握住了关系生态中的社会价值网络距离弥合的某个片刻、现象。

二 关系生态中的价值异化及克服

当今世界，人处在多元价值关系动力之中，人与自然、人与社会、人与人的关系产生空前的危机和冲突。其实就是一个"关系动力生态的异化"问题。价值的一个重要体现就是"化人"，关系动力价值是通过什么方式来"化人"的，要把人"化"向何处，是正面的"教化"还是对人性的"异化"，必须进行关系动力价值实效研究，克服关系生态中的价值异化。

改造自然是人的本性，是人与动物的根本区别之所在。人类为了改造自然，让自然为人而存在，曾不顾一切地向自然开战，造成生态失调、资源枯竭、环境污染。自然反过来报复人，给人带来恶劣的气候、带来疾病、带来资源的危机。

马克思说，"人直接地是自然存在物"。[①] 作为自然的、有形体的、感性的、对象性的存在物，人和动物一样，是受动的、受制约的和受限制的存在物，也就是说，他的情欲的对象是作为不依赖他的对象而在他之外存在着的，但这些对象是他的需要的对象。这是表现和证实他的本质力量所必要的重要的对象。因此，人是一个在自身距离之外必须有感性的自然存在物作为维持和表现自己生命的对象性存在的关系动力体。

从关系动力的角度来说，"自然、宇宙等形象"可以概括为"非人形象"，人与这些形象的关系即"非人关系"，两大基本"关系"之间的关系，即"人—人关系"跟"人—非人关系"之间的关系，相互作用、相互纠结。在普遍贫困时代，在物质匮乏时代，再生产他们的肉体（维持生存）——这主要跟"人—物（作为物质性存在的人）关系"相关。"物"的因素在社会生活中特别突出。而在解决了物质匮乏问题的当代丰裕社

---

① 马克思：《1844年经济学哲学手稿》，人民出版社，2000，第105页。

会，"人的因素""人—人关系"突出，人与自然冲突甚至对立，严峻的社会现实，即日益加剧的全球生态危机的强刺激再次把"人—物（自然）关系"置于一种严峻的使人们不得不重新审视的"人—非人关系"中。

马克思从理论视域中排除出去的只是"人—非人关系"中"人—神关系"，同时他也恰恰引入了另一种"人—非人关系"，即"人—物（自然）关系"。以"生产"为理论视角（生产主义）也就总暗含着以"人—物（自然）关系"为视角。"人—非人关系"的凸显，其重要后果之一是再生产他们的"社会（文化）身份"，而这主要在"人—人关系"中进行。人的本质是社会关系的总和，社会关系是指许多个人的合作，而人们与自然界的狭隘的关系制约着他们之间的狭隘的关系，[①] 所以要考察人类活动的另一个方面——人们对自然的作用制约着人对人的作用，以及"人—人关系"跟"人—非人关系"这两大关系之间的相互制约之"关系"。

社会实践的双向对象化本质是社会主体和社会客体之间相互作用的对立统一的现实表现，是"人类生活得以实现的永恒的自然必然性"，是人类和人类社会得以生存和发展的永恒的客观基础。在一定的历史发展阶段，社会实践不可避免地会存在某种形态和某种程度的价值异化现象，而现实世界里的一切价值异化现象都根源于人类的社会实践本身。在距离逻辑的视角下来研究人的社会实践、人的自由，研究人与自然的关系发展，这必然导致对人的社会实践、人的自由以及社会的研究从抽象上升到具体，也即从距离逻辑去研究关系动力生态的和谐，就是让每个人的创造能力和动力得到充分的体现，使人与自然、人与社会、人与人之间的整体关系活动消除对立，走向人、自然与社会的多元关系和谐。

当代生态文明的逻辑要求对人、事物关系的整体认识，如果把握不好，处理不好人、事物的整体关系，出现种种冲突便不可避免。人与自然的这种对立给自然科学、社会科学提出了一个尖锐的问题：人类怎样在实现人与自然和谐的同时可持续发展下去？所以，"距离逻辑"与当下出现关系生态的价值异化有着更为密切的现实关联，即全球范围内不见趋缓的社会冲突和价值异化（人—人之间的冲突和价值异化），日益加剧的生态

[①] 马克思、恩格斯：《德意志意识形态》，人民出版社，2003，第26页。

冲突和价值异化（人—非人之间的冲突和价值异化），同时这两种冲突和价值异化又是复杂交织在一起的，这种复杂交织又反过来加强了这两种冲突和价值异化，这与我们这个星球生死攸关。"距离逻辑"试图探究的是这日益加剧的两大冲突和价值异化的根源及其解决途径究竟何在。

距离逻辑下，在社会实践中，人的现实存在是"三元关系"存在辩证统一的立体存在。"三元关系"结构首先主要存在于"生产"之中，而"生产"总要涉及一种"人—非人关系"和"人—人关系"，而这种复杂交织又反过来加强了这两种关系。用"三元一致"的强关系动力距离逻辑来研究人与人的关系以及人与非人的关系，其中的一个重要方面就是研究社会主体、社会客体与社会中介的"三元关系"产生、发展和相互作用，即把社会主体、社会客体与社会中介都看成一个基于社会实践的"三元一致"的强关系动力逻辑的相互作用的系统，对人在自然、社会中的正确定位、作用和人的解放的重要意义。

要实现真正的不异化的现实，只有到了社会主体和社会中介、社会客体"三元关系"之间达到全面、和谐、自由的双向对象化的历史阶段。人的对象化了的本质力量不仅具有现实的外化性，而且还必须具有反向的内化性特点。否则，人的对象性活动就是不完整的、异化的过程。社会主体把自己的本质和力量对象性地外化出去，并且现实地凝结成属人的对象世界后，社会主体自身的本质力量就同外界社会客体的物质融为一体，就成了独立于社会主体自身的一种客观存在和外在于社会主体自身的类的（社会）存在。这种客观的独立性和外在性，实际上既意味着社会主体的本质和力量的现实确证和现实物化（因而可以说是人的本质和力量的实现，但这是单向的对象化和实现），同时也意味着使社会主体的本质和力量从社会主体那里分离、独立外化出去的否定性方面。一旦外化和内化出现过度的分离或对立，人的社会实践就会出现价值异化的现象。价值异化的克服就是人的主体性的回归，是通过社会主体的现实外化和社会客体的现实内化而实现的。

就当前中国的现实而言，所要具体面对且必须解决的是资源的有限性与需求发展无限性的矛盾。矛盾的有效解决，需要在观念上抛弃传统的人与自然的征服与被征服、掠夺与被掠夺的关系，树立天人和谐意识，摆正人类在自然界中的位置，建立一种人与自然和谐的关系，改变人们的观念与生活方式。人的生存方式包括其消费方式和生产方式都应该作出相应的调整，因为正是人的不当的消费方式和生产方式造成了人与生态的对立，从而引发了环境问题。

实际上，如何看待人与自然的关系有两种极端思维。第一种是以"人类中心主义"为代表的传统发展观。所谓"人类中心主义"是指，认为人类处于人与自然关系的绝对主导和中心，自然本身没有独立存在的价值，只是人类活动的客体。这种观点实际上是把自然看做满足人的需要的对象，可以任人宰割、任人改造和征服，自然界作为人类生存的依赖对象以及自然界的规律都被排除在外了。这种观点其实是片面夸大和歪曲了人在自然界中的主体地位，认为人对于自然界的一切活动都是合理正当的，而这也是造成现今全球性生态危机的根本原因。第二种极端思维认为，人在自然界中和其他任何生物一样都无法离开自然界的供养和庇护，"只是自然界的一个成员"。应该认识到，包括人在内的所有的生命物种都是"平等"的，和其他生命一样完全受控于所处的自然环境，既否认人类可以为所欲为地"征服"自然，把自己凌驾于自然界之上，认为人类是自然界的"立法者"，也同样不认可只是"存在论""泛自然主义"地看待人与自然的关系，把人类降低到自然界其他物种的水平。

人类社会发展的历史实践表明，人类在人与自然的关系中处于无可取代的主体地位。我国《周易》中将天、地、人并立起来，强调三才之道，并将人放在中心地位，这就说明了人的地位之重要。在天人关系中，人占据主动，人总是依据自身的内在需要而不断地改造自然。在这个过程中，二者的关系是否协调并不取决于天，而是取决于人。所以说，在人与非人的矛盾中，人处于矛盾的主要方面，而重要的原因是人类懂得在改造自然的实践中制造并利用工具，实现自身的生存和发展。按照马克思主义经典作家的基本观点，"劳动首先是人和自然之间的过程，是人以自身的活动来引起、调整和控制人和自然之间的物质变换的过程。人自身作为一种自然力与自然物质相对立。为了在对自身生活有用的形式上占有自然物质，人就使他身上的自然力——臂和腿、头和手运动起来。当他通过这种运动作用于他身外的自然并改变自然时，也就同时改变他自身的自然"。① 与此相反的是,动物是在被动适应自然的过程中维持自身生存的。人类在创造环境的同时也创造人本身,人们在实践中结成各种日益复杂的社会关系,这些关系制约和规定着人的本质,使人成为社会的存在物,可以把这种关系理解为"人—自然"的双向建构、双向生成关系。人类与自然界之间的关系桥梁是人类的实践活动,从而实现人和自然之间的物质交换,同时自然也在此过程中影响和改变着人类的发展。因此,是否以一种良性的关系动力过程发展人与自然的关系就成为人类社会发展的关键。

因此,解决天人矛盾的关键在于人在实践活动中的主体性不仅表现为征服自然、超越自然,更表现为对自然的责任、价值主体的自觉。马克思主义认为:"只有在这些社会联系和社会关系的范围内,才会有他们对自然界的关系,才会有生产。"② 也就是说,人与自然的关系可以在人与人的生产关系中加以说明。而人类社会发展的实践也一再证明,人与自然的关系和人与人的关系之间是相互联系、相互制约的关系,而且后者显然对前者起着支配作用。所以,人与自然和谐关系动力的关键是处理好人与人的关系。

人的现实存在是一个关系动力体。马克思似乎更彻底地从"人—人关系"的角度来审视人与自然、社会的万般景象;人的社会实践关系动力生态的本质规定,确证着人的对象性活动的现实性、实在性、客观性和感性的特征,任何完整、肯定、合理形态的对象性关系活动,都应该是外化和内化的统一,亦即社会主体的对象化和对象的社会主体化、对象世界的创造和对象世界的扬弃的现实统一,而不仅仅是主体把自己的理想目的、本质和力量通过社会实践中介创造活动现实地、单向地注入外界被改造的社会客体对象之中。

马克思的对象化理论意味着,人的现实的对象性关系常常以价值异化的形式摆在我们面前,恰恰存在一种不和谐的"人—非人关系",克服价值异化也正是在"人—人关系"的维度上。因此,树立善待自然、尊重生

---

① 《马克思恩格斯全集》第23卷,人民出版社,1972,第201~202页。
② 《马克思恩格斯全集》第6卷,人民出版社,1961,第486页。

命、自觉维护生态系统的环境意识和伦理责任感，同时在制度层面必须保障实现和实施。这是人在有限中获得的无限，在限制中获得自由的条件，也是使人们从孤立无助中解放出来，最大化地实现人的自由，是人的一种解放形式，即克服价值异化要在社会实践和现实世界中完成"自然主义"和"人本主义"的统一，就是思想与物质统一，科学理性与人文、价值理性相统一。

　　总之，解决社会实践和现实世界中产生，导致价值异化现象的各种矛盾和抗争，要求人已不再是一种自我价值异化的、被当作对象物看待的东西，而且对象世界也已不再是异己的同社会主体相分离、相对立的对象世界，而成为"属人的对象"，成为充分展现人的丰富本质和力量的现实，因而成为人本身固有和应有的本质和力量的现实。此时，一切对象对社会主体来说也就成为自身的对象化，而社会主体则从对象化现实所具有的、体现人自身的全面丰富的本质和力量中确证、肯定、实现和发展着自己的新的人的本质。

第三章　社会交往关系动力

第一节　社会交往关系的内涵及动力

一　社会交往关系的含义与类型

社会交往是社会经济发展到一定程度，社会主体在时间、空间中流动的一种现象和过程。

社会交往关系表现为人际交往技巧、习惯、态度、语言风格、教育素质品位和生活方式，包括知识、信仰、道德、法律与风俗等。从实践角度来分析人的现实性存在与力量，就是一个复杂的交往关系体。社会交往关系，不是单纯的有意识的个人行为，而是包含社会的、历史的沉淀的物质与精神的混合物。

将社会交往关系定义为一个有关持久的、可转移的系统，也就是说以某种方式进行感知、感觉、行动和思考的倾向，这种倾向是生存的客观条件纳入自身的、可转移的，这是因为人们的存在首先是作为统一体的，倾向于形成一致，显示出某种连续性。而在那里，处于转换位置的是社会交往关系，有一种对现实世界重构的力量，也以一种客观化的形式构成生存环境。它可以有三种存在形式：（1）指向精神和身体的；（2）客观的状态，如物质性资源；（3）体制的状态。

对于一个人的不同成长阶段，或者不同时代的人们来说，关系类型是发展的，也不是固定不变的。可以把社会交往关系分为三种：控制型、互利型与自由型。

1. 控制型。社会交往关系体系对成员提供扶持，提供保护。成员被限定在一固定范围内，退出壁垒及转移成本极高，从而社会成员适应外部环境能力极弱，这种模式下构成依赖性关系。比如，权威基础上的领导与被领导、控制与被控制等。

2. 互利型。相互之间的社会关系，通过契约与非正式契约方式来实施。互利关系模式下，任何成员关系皆是满足其他需求而存在的根据，每一环节都有其对应关系，使各环节紧密结合，且能迅速觉察到互利方变动信息，能及时进行内部调整，从而提高关系应变能力。可以有效地整合与优化成员关系相互之间的链接关系，使整个系统形成具有强规模效应的整合，进而提高关系体系的整体优势。

3. 自由型。理想的社会交往关系体，可以促进各成员关系之间的合作倾向，加强彼此之间的信任，激励对关系共同体的忠诚，降低不完备契约道德风险和机会主义倾向引起的监督成本，也为成员关系的"社会分化与突出"机制奠定了根基。

二　社会交往关系动力

社会发展日益重视社会交往关系动力。

人类社会从野蛮到文明、从农业社会到工业社会再到信息社会，所有这一切从社会分化到突出的转变过程中必然遇到发展的瓶颈制约。比如资源稀缺压力。而人们的需求是不断增长的，这种资源的稀缺性，要求人类积极寻求生存与发展的动力。这不能没有社会交往关系动力的挖掘、发现与应用。

同时，人们总是想当然地生活，但社会并不是想当然的，社会交往关系范畴要打破人们的错觉，不是单纯的社会个体行为或家庭行为，而是社会关系动力的移置，社会交往关系是沟通过程的"社会解码"，一个人缺少这种特定的编码，就会陷入行动的混乱之中。

这里的交往关系动力，不仅是中国传统思想的人情世故、礼尚往来，也不是把人看成没有思想、没有感情的机械系统，而是一种基于人的社会关系的总和，反映不同群体和身份的社会关系。一个良好的社会交往关系体，有拓展空间、时间的功能，且运作效率高，如可以作为已得到的时间和空间资源。

社会交往关系动力有三个层次：第一个是客观层次，即围绕社会存在；第二个层次是个体利益，即社会中在某一时期占优势的基本价值取向或偏好，客观层面上的东西对利益博弈有巨大影响；第三个层次是平衡。需要发挥平衡的作用，如果付出与收获不平衡等程度过大，关系共同体可能要社会分化，恶化有可能诱发分裂。

作为动力维度，社会交往关系提供了距离的变换力量。"距离"范畴标志本身便具有特殊的地域性，提高了主体的生活距离的弥合与选择范围，因此具有解放的性质。对于社会交往关系动力而言，它并非单纯地表现为数量的增加、规模的扩大，同时也在质上扩展。其功能并非主要为了生存所需，而是具有双重的角色，也即它在满足人们自身需求的同时，也满足了社会需求，在于能够创造意义，如利用社会交往关系实现人生价值、目标。

社会交往关系首先是生活中的一种实际行为，但社会交往关系动力价值并不一定是以物质利益为导向的，社会交往关系动力可以是情感、信息或理性认知的，从而制造、维系、提升了社会关系空间。有效的社会交往关系动力多层次、多方位地推动主体的成长。因此，社会交往关系模式的发展应该兼容并包。

社会交往关系动力具有较为明显的个体性、价值性、多维性特征，主体个体发展水平的差异使得社会交往关系动力存在较大的差异，从而内生地决定了社会交往关系动力流动的方向、方式以及必然性。社会交往关系动力理论分析框架要注意特殊背景，不能毫无批判地把它应用到具体环境中。还取决于关系主体掌握什么样的规则，应当确立社会关系动力对人们存在的赖以产生的条件，同时描述占有这些社会交往关系动力的不同条件。司空见惯的奇怪的现象：同样付出一定的劳动量，但基础不同，平台不同，发展的机遇与获得的资源与支持不同，在大的动力关系平台缺乏的前提下，弱势群体的生存空间不断萎缩，举步维艰，只能接受维持现状、不变、相对静止。

实际上，社会交往关系动力的大小与社会分层具有互为因果的关系。社会交往关系动力的获得是不平等的，社会出身或社会等级的影响是重要的。人们的存在方式与时间、空间中可能存在的各种不同的地位，与社会不同阶级和阶层特有的社会交往关系动力紧密相关。有时候这体现着社会交往关系的多样性，这种多样性可能是处于同一阶层的不同群体的差别，是横向的差异，而不是纵向的差距，是"异质性"，而不仅仅是"不平等"。不同社会交往关系下的人会通过自己的"坐标"对"外来"时空距离条件下社会交往关系流动"再诠释"，所处位置有个正确的定位。

社会交往关系体是如何组织起来的，各关系主体行为方式是怎样的，其结构和程度等，表现出了极大的惯性，因为强烈地依赖以前的社会交往关系动力资源和模式。比如，在社会交往关系中，主体为追求效用最大化，必然要在利益、价值等因素的激励和约束下寻求交往活动的最佳区位。这种社会交往关系动力的获得既有后天自主建构的，也有先在的继承。家庭和后天建构哪一种影响更大一些，取决于从家庭早期获得的关系能力。如果这种家庭与社会的需要一致，那么便具有积极价值。

总之，一个大的关系动力平台，它在本质上是价值关联的；平台不一样，其价值动力实效也不一样，体现着交往主体的价值追求和价值赋予。但事实是，同样一个主体，如果没有把他放到大的关系动力平台上，其所发挥的作用不一样，往往没有突出、没有机会，进而影响整体社会交往关系的可持续的核心动力。

三　社会交往关系动力的距离逻辑

距离范畴表征时空关系要素记载和呈现的方式，是过程与结构的统一。距离的自觉起于物与我的区分。除了存在"空间距离"和"时间距离"外，还存在另一种"心理距离"。距离关系在同一关系层面上，反映着"量变"的特征；在不同层次上的表征，反映着"质变"的特征。

需要注意的是，"距离"的可变性是普遍存在的，距离的变化因人、地、事而异。具体说，可变性是指社会交往关系动力要保持恰到好处的距离，"距离的可变性"是指社会交往关系动力距离可以随主体保持距离的能力大小而变化。古代实践与现当代实践、东方实践与西方实践之所以会产生不同的社会交往关系动力效应，其原因正在于"时间距离"和"空间距离"的变化产生不同的社会交往关系动力效应。

还要看到距离变化的相对稳定性。社会交往关系具有社会性，是依存人类社会的。社会是实践的产物。实践提供了可能产生社会交往关系动力的一个基础，理想的距离关系必须保持对于距离逻辑刺激的敏感和积极回应，形成共同关系动力的黏合基础。

"距离"对社会交往关系动力的作用在于它通过赋予各种现实生活因素以一定秩序，从而使它们同主体对现实的超越追求间离开来。这里的"间离效果"把现实与对自由的追求间离开来，社会交往关系实践的超越与自由本质才能彰显出来。正是通过这种间离，人对现实的超越的自由本质方可成为实践占有。这种实践的距离是建立在自由只有拉开一定距离才显露的理解基础上，距离拉开之后就产生了一种对自由的"障碍"，而恰恰是障碍在实践中将自由转化为现实。尤其是在人类遇到距离阻碍时，"障碍"本身就促生了自由。

一定意义上，实力决定了对社会交往关系动力的占有，实践的每一阶段都试着寻求距离感。交往关系的同质化问题实际上是与对象保持同一个距离，成了远离主体生活与情感的流水线的格式化生产，当代社会交往关系的扩张就是由距离抑制作用后所制造出来的。比如，在现实生活中，首先是没有客观化的距离存在，就缺少社会交往关系实践的中介传达、表现的过程。

实质上，距离的丧失或消减就是与自由的融合。距离以及距离的调节能力是决定人能否实现社会交往关系动力的一个关键，此时的距离是作为一种在"三元一致"的强关系动力中抽象和纯化的结果，将之作为对社会距离的创造与自我距离的超越，从一个层次到另一个层次的跨距离实现着的人的价值。这样你就随时在进行一种超越，社会交往关系动力是超越距离之后站在一定的距离之外的产物。对距离的超越是社会交往关系动力发生的前提。个体在利益分配格局中的社会分化程度越来越高，强者愈强、弱者愈弱，主体之间交往关系动力水平上的社会分化日益加剧。

从社会交往关系动力现象的构成情况看，对象化（距离的形成）是社会交往关系动力发生的基础。也就是说，"距离"是人类社会交往关系动力现象发生的根本原因，距离的存在是社会交往关系动力实现时的实际状态。在社会交往关系中，社会交往关系动力只有与其他主体保持一定的距离，社会交往关系动力务必要保持一种恰到好处的"距离极限"，才能进入社会交往关系动力状态，从而实现社会交往关系动力。

距离关系的不对称及其产生的不对易关系，深层次上的关系"量子化"机制，增加了关系双方不对易风险。这样，跨距离以及距离弥合对社会交往关系动力的需求越来越复杂。如果没有实现对关系距离的无缝分割对接，就不能实现关系动力。正确地解决这种"距离矛盾"是社会交往关系活动的关键。

总之，人在改造着社会交往关系的过程中改造着自身，使自己成为有着自由自觉的、有距离性的自我意识的存在。社会交往关系发生的前提关键在于现实处境是否与自身的现实及目前的对象拉开一定的距离，这种距离感的形成也无疑是其发生的必然机制。换句话说，"距离"是人类从自然中分化出来成为社会"类的存在物"的关键。没有距离，社会交往关系便不复存在；"距离"范畴应是社会交往关系动力研究的中心。

四 哈贝马斯的社会交往理论评析

哈贝马斯是当代德国最负盛名的社会学家、哲学家，他提出的交往观在西方产生了巨大影响。在《交往行为理论》中他提出"交往行为理论"，此后，他在《交往与社会进化》中，提出了关于文明交往的三个层次，即：基础层次——关于交往的一般理论（普通语用学）；中间层次——关于一般的社会化理论（交往资质发展理论）；最高层次——关于社会进化的理论（历史唯物主义的重建）。[1] 哈贝马斯"把以符合为媒介的相互作用理解为交往活动"。他把普遍语用学看做"交往行为的一般假设前提"，他在分析集体同一性的概念和特征的基础上，指出语言是交往的媒介。

他认为，"在交往行为中，言语的有效性基础是预先设定的，参与者之间所提出的（至少是暗含的）并且相互认可的普遍有效性（真实性，正确性，真诚性）使一般负载着行为的交感成为可能"。[2] 后来，哈贝马斯进一步提出"交往行为总是要求一种在原理上是合理的解释"。首先，他认为，人类的社会行为可分为四种类型。

第一类是"目的论行为"（行为者—客体世界），又称作工具性行为，

① 尤尔根·哈贝马斯：《交往与社会进化》，重庆出版社，1989，第10页。
② 尤尔根·哈贝马斯：《交往与社会进化》，重庆出版社，1989，第121页。

这是一种目标取向的行为。它是以技术的规范为导向，并且立足经验知识，以工具为媒介的"合理选择"行为。"劳动"就是这种工具性的"目的—手段"式行为。

第二类是规范调节的行为，即一个群体受共同价值约束的行为。规范控制行为严格"符合相应的规范"并满足"普遍化的行为要求"。规范是一个社会群体中共识的体现。

第三类是"戏剧行为"。它是指行为者在观众或社会面前有意识地表现自己主观性的行为。

第四类是"交往行为"。它是行为者个人之间以语言为媒介的互动。行为者使用语言或非语言符号作为理解其相互状态和各自行为计划的工具，以期在行为上达成一致。相互理解是交往行为的核心，"言语行为"是交往行为的基本形式，交往理性概念必须用语言理解来加以分析。他认为，人类奋斗的目标不是使"工具行为"合理化，而是使"交往行为"合理化。[1]

其次，交往理论建立的基础是话语的第三个方面，即人际关系方面。他指出，交往行为所涉及的两个以上具有言语和行为能力的主体之间的互动，这些主体使用（口头的或口头之外的）手段建立起一种人际关系。解释的核心意义主要在于通过协商对共识的语境加以明确。在这种行为模式中，语言享有一种特殊地位。[2] 他认为"交往只有进行语用学分析才是适宜的"。[3]

人的交往关系动力一定程度上同纯粹的生物交流是有区别的，它是适合人类特有的生活方式的活动，从而把交往关系动力机制看做社会进化的动力，追求交往关系动力的合理性，构建合理的交往关系动力模式。这样，在哈贝马斯看来，交往行为比其他行为在本质上更具有合理性，交往行为较之于其他三种行为来说，对于"世界"具有普遍性。

哈贝马斯还把"世界"区分为客观世界（"外部世界""客体世界"）、主观世界（人们"自发的经历"总汇成的世界）、社会世界（合法化的个

---

① 向德平：《科学的社会价值》，浙江科学技术出版社，1998，第171页。

② 尤尔根·哈贝马斯：《交往行动理论》第1卷，重庆出版社，1993，第141页。

③ 尤尔根·哈贝马斯：《交往与社会进化》，重庆出版社，1989，第29页。

人关系的"总体")三个部分。对应于"世界"的三个部分,"目的行为"指向客观世界,表征的是人对自然的改造关系。"规范调节的行为"指向社会世界,表征的是社会系统对人的控制关系。"戏剧行为"指向的是主观世界和客观世界,表征的是人对自然和人自身的关系。三种行为都具有片面性,不能作为理解人与世界的基础,而唯独交往行为是在主体与客观世界、主体与主观世界、主体与社会世界这三种关系的背景下发生的。社会、文化、道德、理性及个性等一切重要社会问题都离不开交往行为。

从物质与信息的双重视角来看,社会发展的动力在物质与信息的双重维度上进行。不同国家、不同民族、不同文明之间的交往关系动力,不同性质的文明与野蛮文明之间的交往关系动力,推动着历史的前进。这样,交往关系动力在整个历史发展过程中构成了一个有联系的交往形式的序列,与生产力的合力推动了人类历史的进步与发展。正如哈贝马斯指出的,人类的交往是伴随着生产力同步发展的历史过程,因而是历史交往的过程。[①]

哈贝马斯的交往观坚持言语行为的基础地位,把交往与物质生产实践对立起来,强调交往自身独立的逻辑发展,因而言语行为成为交往的基础。比如,他把语言视为实现"交往行为"的合理化,推动社会进化的决定因素;学习机制是人与人之间交往乃至交往关系形成和发展的内在动力。

在我们看来,哈贝马斯强调交往行为基于语言行为而建立起的主体间的理解和认同活动,作为一种信息态存在,在一定意义上也具有客观性,是人类实践活动的关系动力之一,不过是作为信息态的交往关系动力存在而已。因此,信息交往关系动力同物质生产力相互作用,使(物质的与信息的)生产力的潜在可能性变为实际的现实性,使生产力得以继承、发展。事实上,社会交往关系结构网络系统中有大量的知识、技能共享,以使各成员发挥自身的生产力,从而避免了信息不对称而造成的资源浪费。

---

① 尤尔根·哈贝马斯:《交往与社会进化》,重庆出版社,1989。

第二节　社会交往关系动力价值集成及实效机制

一　社会交往关系动力的价值功能

就社会交往关系动力价值来说，其实现过程就是一个主体获取能量、使用能量和转换能量的过程，具有一种凝聚力量的作用。不同距离社会交往关系动力下的人们客观上存在竞争，很显然，没有这个凝结，其形成的社会关系就松弛、淡漠。

社会发展应以人的全面发展为主导。应包括：类存在意义上的人，或者社会网络中作为社会主体存在，即群体意义上的人；具有独立人格和个性的个人。这意味着社会交往关系动力把人的解放和全面发展作为价值取向，而人的价值实现是一个关系动力驱动的过程，主要有三层含义：第一，相对于人对人的关系的依赖、人对物的关系的依赖而言，把人当作社会主体；相对于人被边缘化而言，把人看做一切关系的前提、最终本质和根据；相对于人作为手段而言，把人作为目的。概言之，它是一种对人在社会历史发展中的社会主体作用与地位的肯定，即强调尊重人、解放人、依靠人、为了人和塑造人。

尊重人，就是尊重人的类价值、社会价值和个性价值，尊重人的独立人格、需求、能力差异、平等以及创造个性和权利，尊重人的全面关系动力发展的要求。解放人，就是不断冲破一切束缚人的潜能和能力充分发挥的体制、机制。因此，社会交往关系的动力价值是一个功能集合体，包括社会价值、生态价值、科学与人文价值等。各关系位的内在价值之"经"与工具价值之"纬"是交织在一起的，在社会交往关系动力共同体内部是相互协调、相互作用、彼此依赖的。这意味着，人们是作为相互依存、相互支持的整体（即共同体）存在的。

社会交往关系动力价值具有双重性，即"实践性"和"实用性"的辩证统一，前者是后者的前提，后者是前者的必要补充，概言之即社会交往关系动力价值的"适用性"。"适用性"是检验社会交往关系动力价值建构的合理性的标准。"适用性"强调了对社会交往关系动力价值的功利与感性层面，又注重对社会交往关系动力价值本身的理性关注。交往关系的无序化，是交往关系"适用性"不足的突出表现。"适用性"内在地表现为它能够动态地与交往关系主体需求的结构、质量和偏好保持一致。有效的社会交往关系的重要标志之一就是在关系主体身上体现出高素质的效应，促进思想道德品质、心理健康素质的提高，增强适应社会的能力，等等。

因此，社会交往关系动力价值，在宏观上是"真正"的道德问题。在这里，强调了在社会交往关系活动中衡量关系动力的道德尺度，也就是进行理性高度上的价值评断。只有在实践的基础上伴以实用的实践活动，才能保持社会交往关系活动作出正确客观的评价。

总之，现实中，任何人不受外界影响是不可能的。社会交往关系是历史地凝结成的，自发地左右人的各种活动的稳定的生存方式。它是由人们创造的，同时也塑造着人们的生活。一切社会交往关系动力都是与价值相联系的，处在多元社会交往关系动力价值之中，交往关系价值要把人引向何处，是满足正面的动力需要，还是对人性的"异化"，应该对社会交往关系生态中的不良趋势进行有效预警，防患于未然。

二　社会交往关系动力价值的集成

社会交往关系的动力价值不是孤立生成的，而是在价值网络集成中实现的。一定的价值网络集成体现了特定社会历史条件下的组织结构维度；一旦形成，就是发展的一个起点而成为高一级价值网络集成的构成要素，成为社会交往关系动力发展的阶段性价值网络集成，在关系距离中以独立的单位发挥作用。价值网络集成不是一次完成，既往的结构单位的社会交往关系动力形成一定的价值，就是一个新的价值网络集成，这就决定了其价值网络集成不是一劳永逸的。在价值网络集成过程中，既涉及原型、相似性、本质属性，也涉及关系的结合规则等。每一个体都是一有距离性的存在。关系的同质化问题实际上是与对象保持同一个距离，没有进行距离关系及其动力实现的合理社会交往关系动力分割。

社会交往关系动力价值网络集成表现为形成一个价值网络中的群体，作为理想的社会交往关系动力学机制理解，价值网络中群体的本质是形成统一的距离关系及其作用，"价值网络中群体"关系相互协同，从而实现从简单到复杂、从低级到高级发展的运动。

从价值网络中群体机制来看，社会交往关系动力价值网络集成机制应满足以下基本条件，即：（1）价值网络集成中应存在一种足够大的社会交往关系动力存在，具有足够大的恒等联系能力。（2）社会交往关系动力之间存在一种相反相成的可逆性。（3）这样的价值网络集成应形成一个封闭性关系。在一个具有价值网络中群体结构的动力价值网络之中，对于任意一个可逆元角色来说，每一个社会主体元素可利用的资源并不是一样的，可以直接利用的就是与自身可逆的关系资源，因为这样的资源是互补的、对称的。在这个过程中，各动力元素单元存在相互独立的一面，在价值网络集成中发挥不同的作用。

从交往主体意识的角度看，在关系价值网络中，价值网络集成不是一个随意的结构，价值网络中群体的恒等元规定和引导着发展，但往往以凝缩的和隐蔽的形式发挥作用。这个价值整体则在更为复杂的更大距离社会交往关系动力中起作用，而对于具体目标，不是并驾齐驱地同时参与。

社会交往关系动力价值的实现必然需要把各种距离关系视为一个整体。社会交往关系存在相互独立的一面，发挥不同的作用，从价值网络集成视角来看就失去了独立性，价值网络集成必然需要把各种具体社会交往关系动力单元视为一个整体。所以，在价值网络集成中，从另一个视角来看，服从于这个价值整体，各单元就失去了独立性。

作为价值网络中单个主体形式的关系其实是通过价值网络中群体形式实现的，因而作为价值网络中群体的社会主体形式关系就构成价值网络中群体整体发展的一个环节。它可以表现为不再重复这个社会环境始点的一切社会主体的经验和知识，因而作为发展的一定阶段所达到的高度的价值网络集成来看，两者交互作用的结果造成了价值网络集成的个体与群体形式的更为内在的统一。

在社会交往关系动力价值网络中，具体的社会交往关系多是极其泛化的，具有很大程度的不确定性。因此，社会交往的强关系动力价值网络集成应满足以下基本条件，即：（1）价值网络集成中应存在一种表征时代精神的、有足够大的距离关系性存在，具有足够强的包容与吸纳力，因而它与任何一种关系作用等于被作用意识（恒等元条件）。（2）这样的价值网络集成关系应是生机勃发的、自由的，即对于每一种意识都可能存在一种相反的意识（逆元素），此两种意识作用等于恒等元意识。（3）这样的价值网络集成应合而不散、共而不离，是一个坚强的价值网络集成体。

价值网络集成过程既具有清晰性、稳定性、准确性等特点，也具有模糊性、变化性、易误性等特点。价值网络中群体中的恒等关系动力规定和引导着这个发展的方向。所以，主流价值网络集成的价值实效最大，意味着主流关系要处于距离关系价值网络的顶端，具有恒等元的功能，推动着价值网络中群体的整体发展，从而也推动着作为更高一级距离关系的形式的发展。

在一个比较规范的价值群结构网络中，任意两个元素作用可能形成相当于第三个元素的功用，实际上这种元素是社会中介性存在。在一定程度上，社会中介资源也可以得到部分利用。这样才能实现最大限度的价值实效，而关系价值网络中群体结构也会越来越规整，结构也将显得越来越清晰。

三 社会交往关系动力的价值实效

（一）社会交往关系动力的失效与实效

社会交往是主体的一种活动和生存方式。社会交往关系动力在贴近人的生活、走进人的心灵方面，以纯粹物质形态，或者片面地重视狭隘的所谓物的功利性，形成了暂时性、流水线式，即追求社会交往关系动力的近期效果的短期行为，影响着交往关系的健康发展。实际上，这种交往关系主导了相当一部分主体在生活方式、消费方式、价值观念上的价值功能错位，即使获得了一些显性实效，这种实效性也难以持续稳定，并且恰恰阻碍了价值的实效性。

这意味着，社会交往关系动力在获得价值实效过程的同时，价值的实现镶嵌着实效与失效两种运行机制。

社会交往关系动力的选择建立在接触应是"合法"的交往中介基础上的，否则主客体形成的社会交往关系就松弛。交往中介是建立在社会交往关系双方平等的基础上的，利益机制与主体价值是实效性不可或缺的"中介"。

价值实效动力学特征表现为一种自觉、沟通、鼓励的内驱动行为。关系角色的不到位，没有认识到自身作为社会交往关系动力主体的地位，建立和拓宽社会交往关系动力与主体生活世界价值的广泛联系，以及距离关系的合理分割和全面关系动力的自觉需求，往往是被动的，甚至有抵触情绪，形成了自我封闭格局，社会交往不能与社会生态环境进行有效交流。社会生态不能获得充分利用，与社会价值的主导思想会不协调，甚至发生冲突，没有形成互动，导致没有根据社会关系生态环境变化，以及关系主体的关系品质形成发展规律。另外，对关系主体的心理、行为的目的性、方向性的预见，没有构筑起对社会交往关系动力变化趋势的预警机制等，都会导致社会交往关系动力的社会价值实效链的人为断裂，从而在社会交往关系动力价值实现社会过程中失效的速度也在加快。

（二）利益机制与社会交往关系动力价值实效

社会交往关系动力生态是一个由多种社会交往关系作用的动力系统，不同时空距离条件下的社会交往关系动力是对主体利益分配的实际控制，它使人们有可能感觉或直觉一个在社会空间中占据某一特定位置的个体可能（或不可能）遭遇什么，因而适合什么，发挥一种社会取向的作用，引导社会空间中特定位置的占有者走向适合其特殊性的社会地位，走向该合适地位之占据者的实践。因此，社会交往关系动力价值实现于主体个性化生存的三元，即交往主体、客体与中介环境距离关系作用的动力学过程，也即关系动力价值最终要落实在三元关系的互相实现。

社会交往关系动力的建构要从单纯的情感或纯粹的功利的伦理的思维中区分开来。但是，社会交往是为了追求纯粹的无功利性，这样的观点未免显得有些偏颇。因此，一方面要从功利中跳出来，另一方面又不能完全脱尽功利，要把非功利性和功利性统一在同一个社会交往关系动力过程之中。功利性与非功利性统一，主体与名利、功利拉开一定的距离才能把主体从功利中超脱出来，从实用世界中脱离出来；存有一定的距离，才使"可持续社会交往关系"成为必要和可能。其中，阶级利益的出现一定意义上是有效交往关系动力实现的距离阻隔。阶级关系这个范畴是一个历史的现象，它不是始终存在的，阶级关系的内涵与外延是发展变化着的，时而缩小、时而扩大，如果各阶级的界限与区别不存在了，那人类将最终走向无阶级的"天下大同"，而这样的社会交往关系的发展将会有一个"质"的飞跃。

利益的互相吻合是与社会交往关系动力直接成正比例的。社会交往关系必须与功利性保持在一个恰到好处的距离程度，否则就会产生距离的丧失：或失之距离太近，或失之距离太远。失之距离太近即交往时必须有距离的介入，必须抛弃那些实际的功利方面，保持距离，社会交往关系动力才能产生。而失之距离太远，即纯粹无功利，或缺乏利益的契合，从而难以建立起社会交往关系，交往活动也就随之而终止了。

交往关系主体是一个动态、复杂、变化着的过程，如性别、年龄、民族、种族与利益等无法与交往客体以及环境保持在一定域中的统一或速度，一定意义上是交往关系不存在，因此，没有现实性的社会交往关系其动力价值是不存在的。

人是社会人，不能忽视人的心理和社会因素，金钱并不是刺激人积极性的唯一动力。家庭和社会生活，人与人的感情关系，组织、规范、职权、规章制度，人的理性的合乎逻辑的行为和受感情支配的行为等，有时具有更大的约束和激励价值。从历史的角度看，把人作为机器是适应近代生产力发展的历史需要的。这种以牺牲人的感情为代价而换来的进步，与人所处的关系动力场景相差甚远。

所以，在社会交往关系动力中，社会强关系动力建构要根据利益原则和平衡原则，根据交往关系特性进行科学分类，分析不同的交往关系成分，把不同的距离差异下的利益元素集中到一起，做一个共同的展示，设计合理的交往方式，也即根据利益需求特性进行供给差异化，在增进交往关系动力演化过程中形成的利益在各个群体之间进行和谐分配。如果功利性太强，就不能产生可持续的社会交往关系动力，如果处在某种合理的功利距离之外，同样没有可持续的社会交往关系动力。所以，要进入社会交往关系动力状态或保持社会交往关系动力状态，需要社会交往关系中的功利属性保持距离，用距离的抑制功能进行"过滤"。即便是共享有用的社会交往关系动力，根据环境的要求对它们进行转化和再利用，并各取所需，也不能夸大关系主体行使自由的权利，这样才能适用于不同时空的"社会交往关系动力"。现在，对越来越多的人来说，全球化语境下构建跨越国界的社会交往关系动力，不局限于特定的地缘领土范围，即"地方主义"，超越国界的社会交往关系动力才是平常的。

社会是通过社会交往关系动力构建的，社会变革的力量来自社会交往关系动力领域。在社会实践中，关系一般都是有意义、有效用、有价值的。价值以特有的方式制约社会交往关系动力，如通过启发和暗示，以逻辑的、确认的或否认的形式类比、明喻、隐喻的工具间接地起作用。要注重社会交往关系动力过程的特殊性及其效用，比如，权力、经济和政治的复杂关系中均有其社会交往关系动力维度。从此一视角看，政治或经济过程是由"真实的关系"所决定的。

社会交往关系动力具有某种价值取向，与价值的关系问题一直是密切关联的，同时也是对某种价值的基本承诺。尽管如此，并不能由此得出社会交往关系动力完全等价于任何价值"体系"的结论。

主体地位的获得与提升应是以个体的自觉利益来代替强制而实现的。坚持以主体需求为导向，理性地选择交往关系的建构与使用方式，对拥有的交往关系动力资源高效配置，把精力投入追求短期利益，片面追求大利益，将影响调动多元主体的积极性和交往关系动力的使用效率。因此，不仅要重视社会交往关系动力的道德、情感维度，还要非常重视社会交往关系中的功利性，强调功利性的适当距离。但不是说社会交往不应该与功利联系，同时还要强调社会交往关系动力实现过程中事实上不能与功利绝缘，这就是在距离逻辑基础上指出"社会交往关系的内在矛盾"。

总之，利益机制是社会交往关系选择的支撑。没有利益机制作为支撑，社会发展将会失去动力。在社会交往关系动力中没有谁不希望起到更大的作用，社会交往的目的就是满足主体价值与利益需求，但社会交往关系动力实现过程应该是和平的，着眼于协调、发展、优化交往关系动力结构。这个过程中，它是建立在接触、对比基础上的。

人与人之间互相尊重个性不等于彼此隔离，尊重主体价值不等于没有反对。它是"合法"的，是建立在多数平等的基础上实现社会交往关系从宏观领域不断向生活微观领域拓展、渗透，要求积极营造与现实和历史一致的动力语境和表达形式，并与整体利益关系良性互动和对话。

第三节 社会交往关系动力的主体性
与关系消费

一 社会交往关系动力的主体性

社会交往关系动力不是主体单方面引起的，社会交往关系动力的源泉在于首先应从关系主体构建的某种"关系"中找寻，也即社会交往关系动力实际上是三元（社会主体、社会客体与社会中介）关系的协同。这意味着社会交往关系动力的实现过程在于主体对"三元关系"的把握，不是主体对客体的把握，而是主体与主体间的对话和体验。

社会交往关系动力可以说是来源于主体间性。处理好社会交往关系就要从实际生活中处理好社会交往主体之间的距离关系。胡塞尔首先提出了主体间性概念；海德格尔提出了共同的此在即共在思想，从而把主体间性由认识论提升到本体论领域；伽达默尔的解释学意义是现实主体与文本中的历史主体间的对话而达到的视界融合。它不同于主体与客体间的人—物之认识关系，而是一种需要用体验理解的关系。这里，强调社会交往关系动力是主体与主体之间的沟通融合，是对世界的人性体验。社会交往关系动力的客观化即在主观体验、情感和经验的作用下，从主体切身的利害中跳出来，把自己的社会交往关系动力客观化为实践，使社会交往关系有了一个客观化的标准，表现于"交往实践"。

在社会交往实践关系中，交往主体是一个不断与外界进行动态作用的非常活跃的社会交往关系动力要素，由心理生态系统、社会生态系统、社会信息中介三大子系统组成。其中主体的心理生态系统由以下几部分组成：遗传特征、人格特点、行为方式等。社会生态系统在一定意义上包括社会交往关系动力、物质环境等因素。社会信息中介系统主要是联系交往主体与社会生态系统的信息存在。信息中介包括主体的人生观、价值观、世界观，外显于主体的生活方式、认知思维方式等。这三个社会交往关系动力系统之间相互制约、作用，共同决定着交往关系动力系统的运行机制。

一切社会交往关系与关系主体的社会实践密切相关。社会实践是一个社会分化的过程，社会分化终究是经济的，其形式却是交往关系的。社会交往关系是一种标示社会区分的方式。社会差异与社会权力的来源，在象征上从经济领域转移到社会交往关系领域，标示并维持了社会主体的差异与区分。要认清社会分化统治，就必须了解社会交往关系如何标示社会区分，亦即社会差异的制造、标示与维系。

可以说社会交往关系的使用过程也是关系主体再生产自己社会地位的过程。通过这种区分，人们在客观交往关系结构中的地位被表现出来。所以，社会交往关系具有确认社会差别并使之合法的社会功能。它是社会关系表现的主要场域，因此，社会交往关系绝不仅单纯反映了社会的区分与差异，还维系与再生产了社会关系，要从更广泛的意义上给予社会交往关系以应有的重视。

某种程度上，圈子已是一种存在方式，如今已成为人们生活中很重要的部分，成为一种获取认同的方式。很多时候，强关系主体站在社会结构的顶端，其生活方式与价值标准为整个共同体提供了社会交往关系准则。处于社会下层或中层的人永远都只想仿效社会金字塔的顶端，保有自身存在的自主性与个体性，而这正是运用社会交往关系模式来维持展现的。结果是，下层圈子纷纷模仿上层的行为方式，以此来提升自己的社会地位，满足自己融入社会的需要。上层因此不得不去创新圈子，以维持自己的社会独特性，将自己与大众区分开来，也即圈子表示同一个圈子的人是相同的，同时也排除了其他。因此，圈子的内容本身不重要，重要的是它所彰显与维系的社会交往关系距离差异，因此，圈子是一种社会控制的方式，社会分化区分的手段，以及建构自我的实践。

社会交往关系是在人类成长过程中的一种发生性现象，是人类在征服并超越需求时形成的。交往关系主体是一个动态、复杂、变化着的过程，必须要充分考虑到社会交往主体的目的性，以及效能、效率和效益等社会诉求。强调对主体发展的作用，意味着集中体现主体价值的才是最有动力驱动的。着重从主体利益方面看交往关系，但从主体利益方面看，不是一般的自然事实,社会交往关系的生命力在于回归身体本位与主体生活实践,社会交往关系与主体生活实践的融合性越好,交往关系动力越强,激发的情感势就越大,效果就越好,动力就越大。把对社会交往关系动力与主体生活的逻辑紧密地联系起来,使交往关系成为主体生活的强势动力。其根本目的是追求价值与自由,保障和促进实现更好生存和发展。

社会交往关系是人生经验和世俗的欲望生活。只是此时的社会交往关系不是单极的,或者主体自己的经验与情感,经过过滤后的经验与情感,是主体通过把交往客体及其吸引力与自己分离开来而获得的,也是通过使社会交往关系摆脱自己的实际需要与目的而取得的。这种没有远离交往主体生活的动力价值才能为处于现实生活世界之中的交往主体所理解和接受。所以,以生活世界作为背景,不游离于生活世界之外,树立平等意识和交流意识,尊重交往主体,消解社会交往关系中的话语霸权以及宏大叙事,让交往主体能够敞开心扉进行真诚交流,获取对社会交往关系动力价值评价和解释的权限,才不会导致交往关系生态环境系统的紊乱。

面向不确定的、非线性的社会交往关系,既合作又斗争的对立统一关系随着主体情感力量的改变而改变。不关注情感反应,无法体验与获得距离社会交往关系动力,就无法激励,从而无法推动社会交往关系动力的有效成长。也就是说,社会交往关系动力的建构并不是不受主体感情影响的。社会交往关系动力是通过激发热情,使脑神经兴奋,使内心深处产生距离关系占有的冲动与动力。社会交往关系,是切身的、表现情感的,所以不能完全和人生的情感体验绝缘,真正的社会交往关系动力,恰恰是现实社会交往关系的一种情感化存在。在心理上,使人产生实用功利的需要。

但不能完全排除社会交往关系的客观性,把社会交往关系动力推到心理和主观方面,这样社会交往关系动力就是纯主观的东西,不能把社会交往关系归结为主观体验。对社会交往关系的客观本质的承认与承认"主体性"是不矛盾的,只是不能作任意主观化、随意性的理解与解释交往关系。这里的"客观",是把"主体"(包括目的性以及中介性)也包含在社会交往关系体中了。其表现为以"交互主体"为中心的一致性,强交往关系动力的价值诉求。

因此，忽视了交往主体的自主性，向交往主体施以单向性影响的活动，缺乏交往主体之间的双向互动过程，或者交往关系就是改造、控制、驾驭与被改造，直接影响着社会交往关系动力的实效性和针对性、能动性和创造性价值的发挥。

关系使对象分类，也使分类者分类。关系主体区分关系的过程，也是区分自身的过程。根据各主体的相互关系和不同层面，社会交往关系可分两种"场域"，一种是限定的私人，另一种是"公共场域"。在前者中关系主体以圈内人为主，后者主要是社会大众，后者居于关系的主导地位，并且被前者所推崇。私人关系具有独立自主性，是一种社会分隔，私人关系防止他者的东西介入。公共关系是以肯定私人之间的连续性为基础的，需要与各种大众的表现性、道德倾向相联系，从而给定了它发挥作用所需要的条件。根据不同的环节，在不同的社会过程和不同的层次上营造距离社会交往关系，形成关系动力。共同体在很大程度上决定着社会交往关系动力发展方向，这是基于共同体的生活世界的环境。

因此，交往主体与社会的信息畅通循环是构建社会交往关系动力的重要条件。不同的关系动力环境生态所诱发的主体心理反应具有不同的特点。比如，面对同样的关系环境，或经历同样的社会交往关系，不同主体的反应不同。而不同关系下的主体生活行为方式、价值观念、社会习俗和人生追求等诸多方面过快过多地变化，一些关系主体一时难以适应这种转变，于是迷茫、困惑、无所适从。而在一个精神向上、传统优良、文明的社会交往环境里，人们就很自然地接受各种有益的感染和熏陶。

实际上，社会交往关系动力与那些构建权力系统的体制相比不一样，一定意义上，关系主体早已受到设定好的交往环境的极大限制。所以，交往关系不能被视为"可以脱离交往环境影响而独立存在，自成系统的存在物"。其中，社会生态环境是重要的社会交往关系动力因素，是关系主体的关系价值形成和发展的客观基础。

二　社会交往视角中的关系消费

（一）什么是关系？

关系（Guanxi）是中国社会文化中的重要元素；关系性是中国社会中

的一个突出概念。正如有学者指出的，如果说西方自启蒙以来 300 余年的一个核心理念是"理性"，那么中国传统思想中的一个核心理念就是"关系性"。① 在中文里，关系用来指人与人之间的交往联系已经有数千年了，是中国文化和制度中极为重要的组成部分。几千年中国社会的历史和经验，无论是常人的实践活动还是思想家的思考论述，往往是将它置于核心位置的。

虽然不同社会对关系性的解读不尽相同，甚至差别很大，但任何社会都不可能不以关系性作为自己的定义性特征。实际上，在任何社会中，关系性都是十分重要的因素，因为"社会必须定义为一种关系"。②

关系一词对中国人来说虽然不陌生，但是其内涵又丰富得难以把握。通常来说，在我国它具有感情、人情、面子、回报等丰富的行为内涵。从关系这个词语现在所特有的含义来讲，即利用个人所拥有的人际资源以谋求政治或经济上的利益好处，据考证则首次出现于 1978 年。有的学者将关系定义为特定关系（Particularistic Ties）、朋友关系（Friendship）、交往联系（Connection）、交易（Exchange）、社会资源或社会资本（Social Capital）。这些定义分别从不同的侧面描述了关系的某些特征，但究竟怎样特殊才算关系往往语焉不详。任何单个定义都无法概括关系的全貌。

在西方文献中，关系通常被定义为"一种特殊的人际关系"（Special Relationship）。应该承认，英语的关系如 relation 或 connection 不能表示出中文中"关系"的特殊内涵。为此，西方研究者在他们的文献中对中国文化中的关系不做翻译，直接使用汉语拼音 Guanxi，斜体表明是外来语。

边燕杰在《关系资本与社交餐饮》一文中总结了三种关系主义的理论模型。第一种理论模型是将中国的关系主义的本质特征定义为家族亲情伦理的社会延伸。第二种理论模型是将中国关系主义的本质特征定义为特殊主义的工具性关系。第二种理论模型强调的是中国人之间能达到关系认同的根本点是工具性的实惠交换；实惠交换是关系成立和存在的原因，亲情

---

① 秦亚青：《关系本位与过程建构：将中国理念植入国际关系理论》，《中国社会科学》2009年第3期。
② 流心：《自我的他性——当代中国的自我系谱》，常姝译，上海人民出版社，2005，第5页。

化只是其形式，是关系交往的手段。关系主义的第三种理论模型将关系主义本质特征定义为非对称性的社会交换关系。①

在《经济社会学国际词典》中，他视中国文化条件下的关系为行动者之间特殊主义的、带有情感色彩的、具有人情交换功能的社会纽带。② 在这一定义之下，血亲纽带和姻亲纽带是原初的关系，而非亲缘纽带由于互动双方人情和义务的增加可以升级为稳定的亲密关系。关系需要投入相当的时间与资源来建立、维系、发展或重建。③ 特别是一些在中国文化中极为重要的时刻和场合，比如传统和法定的节日、婚礼、生日宴会、社交餐饮等场合，都被看做建构、维系关系的重要契机。④ 关系最为重要的属性之一就是人情交换。而且中国人所说的"人情"在内容上也远远比传递有用的信息更加丰富，它是一种实质性的帮助。

（二）关系消费

人们在交往实践中，不仅在创造关系，也在消费关系。关系消费主要是为了满足社会距离弥合的需要，是以物质消费为依托和前提的，但它不仅仅是一种经济行为，而是一个涉及关系符号与象征意义的表达过程。在这个意义上，关系消费就是创制、传播与实现一种信息态的关系中介。

随着关系化的推进，关系消费成为财富消费的相当一部分。一般关系消费主要表现在对生活的适应上，提高生活质量、拓展空间。对一个人有所认识，要将一个人定位在特定的社会交往关系空间，其关系消费水平能够更直接、更突出地反映直接存在。在一般情况下，可支配社会交往关系动力水平越高，其关系消费的能力也就越强，关系的建构能力也越强。

关系动力的价值存在贬值、保值与增值。关系动力的价值的充分实

---

① 边燕杰：《关系社会学及其学科地位》，《西安交通大学学报》2010 年第 3 期。

② Bian, Y., "Guanxi," in J. Beckert & M. Zafirovski (eds.), *International Encyclopedia of Economic Sociology*, London: Routledge, 2006, pp. 312 – 314.

③ Yang, M., *Gifts, Favors, and Banquets: The Art of Social Relationships in China*, Ithaca, NY: Cornell University Press, 1994.

④ Bian, Y., "Guanxi Capital and Social Eating: Theoretical Models and Empirical Analyses," in N. Lin, K. Cook & R. Burt (eds.), *Social Capital: Theory and Research*, New York: Aldine de Gruyter, 2001, pp. 275 – 295.

现，要求重视关系消费的自觉。在消费、借贷乃至透支的过程中来完成对关系的积累，才是这个时代、这个社会所需要的能力。

主体的关系消费需求的增长总是受制于其社会交往关系的发展。因为在关系消费的过程中，进行消费的主体并不是抽象的单一的个体，他们有着不同的关系背景、经验和理解能力。面对同样的关系客体，不同的关系主体有不同的消费方式，从这个角度去理解，关系并不仅仅是预先规定的。

在当今消费时代里，人们的消费心理侧重经济利益与关系动力。人们对关系的选择成为一种对于自身的生存方式、身份地位的选择活动。当代市场条件下，关系主体的关系操作水平不断提高，关系消费结构正在逐步优化，从单一向多元关系、从义务型向利益型、从集体化向个性化转变。

现代社会更需要交往关系能力强的人。关系动力网络繁殖速度远远超越了掌握，而关系距离动力也不是生理条件所能承受的。这个时代提供关系机会和途径，这个时代的关系信息因随处可得而供大于求，给予每个人的机会却比以往任何一个时代都要少。由于关系的消费活动在本质上是其关系动力价值的实现活动，关系最终要成为消费品，这就需要教会如何积累关系，也要学会如何消费，付出关系。经营的关系只有用于消费才有动力实效价值，缺少了关系的消费，其关系动力价值也就无法发挥出来。

在市场经济时代，关系越来越不保值，关系的储存越来越失去意义，不懂得关系的消费，势必造成关系动力的浪费和停滞。不注重和不懂得关系动力的消费问题是当今传统社会关系问题的一个普遍现象。有的亲缘、地缘关系面临即将失效浪费而并无知觉。比如，也许还为自己构建关系动力网络而感到无比自豪，仍然觉得自己拥有一个似乎永不贬值的关系动力网络；总以为掌握了经营的不会过时，只注重拥有和储存。在关系的时间序列上，各关系节点是动态变化的，没有关系的消费，就没有关系动力的补充、发展和更新。实际上，这些关系已失去实际的关系动力价值。时过境迁造成了许多关系浪费。

市场经济条件下，关系动力网络更新周期越来越短，竞争越来越激烈；现代关系进化要求在很短的时间内就必须补充关系动力网络的漏洞，掌握新的关系，增强关系的消费能力，使已有的关系保值、增值尤为重要与迫切。

在实际生活中为什么关系动力的运用那么难呢？因为交往关系也是一种能力，但是人们没有很好地接受过交往关系的教育。失去了关系的消费这个目标，积累、营造关系行为本身也就模糊不清。这和知识的积累一样，关系积累本身就成了最枯燥乏味的事。

社会的市场化和关系化趋势提供了丰富的关系，关系消费得到了空前的繁荣。人们对关系的消费方式在很大程度上导致生存观念的变迁，而市场因素在关系消费活动中获得提升，同时，关系消费也促进了关系发展。如此，社会交往关系网络的高度发展使得关系在事实上越来越成为社会的支配力量，社会也越来越被关系化了，人们的生活越来越成为一种纯粹的机械作用和机械过程。从而，关系的消费活动的结果也可在日益广泛的范围和程度上导致自由、自主性的丧失，导致主体被关系异化，关系越来越多地具有了反生命、反人道的性质。

显然，关系消费应是一种理性消费，与自身承受能力相适应，并能受到大多数人的认同与接受。同时，关系的理性消费也是关系动力的终极目的所在。因此，必须体现出对关系的社会价值消费问题的关注与认知，避免导致价值理性丧失的交往关系，造成消费后的极大负担。

第四节　我国有序和谐的社会交往关系构建

一　当代我国社会交往关系概述

当代社会的快速发展为人类创造了巨大的物质文明和精神文明，人类社会因此蒸蒸日上、欣欣向荣。我国的社会交往关系面临发展的新阶段。

首先，通信技术的快速发展和社会普及也引起了一系列始料未及的后果，使人们所处的时代是一个高度关系化的时代，关系无处不有、无所不在。这给人们的普遍交往关系的实现带来了空前的机遇，因此，我们应该对社会交往关系价值自觉起来，使社会交往关系更有利于人类的文明与进步。其中，当代交往开始向数字化、网络化、信息化方面迈进。网络世界使关系主体的生活超越了地理、时间与对象等的限制，扩大了生活的圈子。网络带给关系主体的是一种新生存观、价值观。网络社会中交往关系动力具有互动维度，在这种观念中，社会交往关系动力被认为不可避免地既改变了周围的世界，也改变了人们的主体性。

网络社会不是作为独立的实体，都这样或那样地与现实联系。不可否认，在信息化时代，互联网络高度发达，社会交往关系改变了原来自给自足的状态，展示了多元态势。然而，一个开放社会的交往关系动力价值网络，是自由民主和谐的象征。

当前，在我国现实社会中，维持和改善社会交往关系动力模式机理正在发生转换与发展。如市场经济体制的确立、竞争的不平等，以及集团与利益的集聚、圈子生存和圈地，导致一种成本较高的社会交往关系模式等，这些形成支配与被支配的妥协的均衡状态。无疑，在社会交往关系的获得过程中，人们现在还生活在冷酷的地缘、血缘关系之中，关系主体仅存的那点自主性依然受到各式各样的圈子的制约，有许多原因会使人感到绝望。比如，在社会生态环境中，物质性的过度膨胀，社会交往关系动力人文价值缺乏，非常重视社会交往关系动力的功利性，忽视了关系主体健康成长和自我完善的需要。物欲化了的社会交往关系动力的追求使关系主体成了忙碌的逐利者，精神性与伦理性的凋敝和精神危机，这种偏颇导致的直接后果是与社会交往关系动力的实效性的背离。

现实是一个距离分层，由于商业关系的入侵，不在一个层次上的人们很难有共同的交流，变得越来越难以相互理解：在物理距离上近在咫尺，但在社会距离和心理距离上相距千里而无法交流。比如，随着网络的兴起，网络交往关系无时不在，现实的环境也越来越被网络世界的社会交往关系动力所充斥。人们有了太多的"崇高修辞"，并且许多现实社会中的社会交往关系动力模式与网络社会产生了共生形式，成功共处。与许多预测相反，在网络社会中，自由需求的"伟大期望"大部分还没有实现。网络世界中的多元异质关系形成了对主流社会交往关系动力框架的冲击与干扰。

社会交往关系中的"非主流"、个性关系的无序，以及另类社会交往关系动力等"过犹不及"地发展仍然会导致主流关系的混乱以至解体。这一定程度上导致其不能很好地融入群体，让关系主体之间不能和谐共处。其中的人们容易以偏概全，生活方式、生活习惯的差异使其在心理上感到了巨大的反差，以致内心非常脆弱、敏感，会使他们处理不好关系，造成人际关系紧张，游离于主流之外，不能通过正常的方法和手段实现关系的交流，往往过多地选择消极的防御方式，导致更多不良情绪及内心的冲突和痛苦，甚至陷入无助、彷徨之中，严重影响了正常生活，更有甚者则会背离主流道德准则，实施伤害自己和他人的反社会行为。

在社会交往关系动力下，我们面对的是非单一的社会交往关系动力形态，主流价值在多元价值存在的现实下，其目标与统一的风险越来越大。同时，城市化不仅是生产方式变化的结果，还是交换关系变化的结果。当前，交换日益繁荣扩大，城市作为地域和时空上的一个关系综合体，可以看做一种公共社会交往关系资源。其实，在一定意义上，城市文明代表着先进精神风貌和内在品质，是自身长期发展中形成的具有独特气质的理念、价值追求和群体意识的体现，是一种生命力、创造力、凝聚力的体现，是社会交往关系的重要环境与背景。然而，我国城乡隔离带来了一系列严重的阻碍社会交往关系进程和经济发展的问题，严重阻碍了城乡一体关系动力的实现，导致可持续的社会交往关系动力不足。可以说，若不存在阻碍流动的制度安排，我国社会交往关系动力的实效性就强。

二　有序和谐的社会交往关系构建的距离逻辑

距离的存在，从纵向上看有不同结构与层次，从横向上看具有不同的阶段与过程。阶段与层次具有"连续性"量变与质变。

在一个实际的社会交往关系动力网络中，各种意识或思想构成该距离空间的群元素。这些要素的流动，既包括微观、中观动力也包括宏观动力，既有内力作用也有外力作用，既有自然的、经济的因素也有社会的因素，既有个人、企业作用也有政府推动作用，也即一个全面的动力机制系统。在这个系统中，经济基础是社会交往关系动力的核心要素，也是宏观层面。文化的转换与发展、传递性等，表达着中观层面利益要素流动是社会交往关系动力的现实性微观层面。概言之，社会交往关系动力网络中有基本的三元构成，即"情、理、法"，它们在某种程度上构成三个坐标轴，撑起一个三维的社会交往关系。

当代社会如果是流水线的格式化生产，用唯一的距离关系去应对每一个人的交往需求状态，社会交往关系过程就会是同质的、千篇一律的。而如果用唯一的距离逻辑去应对，结果总是存在社会交往关系动力实效小，而其社会活动空间对价值实现的任何长远战略、细节、决策与执行也都不可能没有失效的。

因此，通过研究社会交往关系动力特征，掌握社会交往关系动力生态演化的规律，从而通过对信息活动周期各个不同阶段的监控和情报分析，有针对地控制不良社会交往关系动力出入的质与量。

一个有序、和谐发展的交往关系环境，只有聚集才能发挥聚集群体整体的交往关系动力。但聚集规模超过了一定的限度，就会造成规模不经济，促使社会分化，社会分化会在中心以外的新的地点开始新的聚集，所以，要使一个关系体有序、和谐发展地聚集起来，需要在社会交往过程中对基本关系结构网络进行距离、速度控制，根据有序、和谐发展的交往关系实现过程的内在联系，对交往关系动力过程的控制表现在对节点刺激产生敏感反应，实现对交往关系动力的控制。

在社会交往关系的距离分割中，分割必须是符合恒等元的要求的距离关系，这些关系必须按照对称化的机制构成各种可逆元，而且这些元素成员之间在一定程度上要符合封闭性甚至结合律的组合机制。

社会交往关系动力是与目标关系的距离关系，表现为每一个体巨大差别中有联系，是一个距离的分割与弥合过程。距离关系的弥合控制体现了距离交往关系动力过程与结构。

在一有序、和谐发展的交往关系中，不同层次上的格式化，各种形态之间距离关系的格式化，是一种"相反相成""大势所趋"。个体对于交往关系过程的距离可能有多种分割与弥合方式和动力驱动的实现方式。如一关系共同体内关系布点过于分散，规模小，则关系整体动力效率低下。一般来说，强关系是关系流入位，弱关系区位不占优势，是流出区。个体的差异化越大，就应基于个性分割原则，在距离关系分割的每一个点上选择不同的坐标系，使每一个体都能在局域化的时空点上感到交往关系动力的作用，在交往关系动力的内驱动下，差别中促进联系，不断地向恒等元的动力价值集成逼近。

基于群的距离关系动力来看，最远、最高的交往关系动力目标，即群中的每个体都能得到作为最高关系动力的支持，也即实现整体距离上的弥合。在这个过程中，距离关系弥合的程度，表达着交往关系动力过程的强度。

社会交往关系动力的激发过程是主体双向互动的沟通，把人与世界的社会交往关系看做主体与主体之间的一种"我—我们"（平等、对话、交流）关系，而不是一种"我—你们"（征服、占有、利用）关系，要更加注重培育人、开发人。我们要把动力实效转化为距离关系内驱动力的格式化及其距离关系的个性化分割，避免重回独裁封闭的关系共同体中，引发社会发展的危机，这是社会交往关系动力存在的最终根基。

总之，多元化充分发展也是社会存在的根本。为了更好地发挥关系动力价值的激励、引导作用，形成可持续的关系合力效应，获得大的社会交往关系动力支持，求同存异、和而不同、尊重个性，激发能动性与自觉性，在社会交往关系中从一个控制者、支配者转变为一个真诚的对话者。

三　有序、和谐发展的社会交往关系实现对策

有序、和谐发展的社会交往关系动力建构要重视与加强在维护健康、高雅、文明、上进社会交往关系动力主旋律的前提下，实现不同多元关系的和谐，体现出多样性的相互包容、协调。

主体作为社会交往关系动力的子系统，其情感关注与逻辑理性之间似乎存在根深蒂固的誓不两立，从而也影响动力实效的提高。社会交往关系动力的获得与提升应是以主体的自觉来代替强制而实现的，从而能激励大的情感势，产生强大动力的存在，才能出现情感势与意识流的非线性、非平衡作用，形成有序发展的结构分岔。

新形势背景下只能用无形的社会交往关系动力势场或建立在不同距离之间的内在的联系，使之融于一体，形成不可分割的动力网络来影响、疏导和激励主流价值，从思想上认同主流社会交往关系动力，继而激发关系

主体的发展潜质,使其人格得到完善。或者说主流价值的实现要与多元、非主流有密切的合理梯度,从而分割社会交往关系动力,以使个性的发展不再与主流要求截然对立,而是一个互相融通、共生共长的过程,同时,各种甚至相互矛盾的关系相互融合、促进"一分为多"与"合多为一"。这体现出在社会交往关系动力中,以关系主体为重心,充分理解关系主体,尊重关系主体,给以足够的展示空间,满足关系主体多样性、多元化的合理要求。

社会分工使交换成为必需并且逐渐频繁起来。城市是市场交往关系的载体,作为经济活动的指挥枢纽和市场中心,城市主导世界的地位牢固确立,在社会交往关系现实中的重要性愈益增强。具体来说,城市对社会交往关系的积极效应有以下几方面:(1)交往的速度;(2)加强了城市人口交往之间联系与互动;(3)城市增强了社会交往关系的推力;(4)增大了社会交往关系的引力;(5)开拓创立了一种新的社会交往关系观。城市对社会交往关系的效应表现为聚集效应、比较利益效应、资源稀缺压力效应等。城市在社会交往关系动力中的作用发挥与"需求连带"有关。在此机制下,关系动力体不断繁殖与链接,如此逐层连带,动力效应是不可逆转的,要积极创造良好的环境和条件培育积极、健康的城市社会交往关系,必须彻底改革以城乡隔离为特征的体制,实现人口自由流动,为发展全面的社会交往关系扫清障碍。

城市社区既是城市的一个组成部分,同时又有着较强的独立性,它在交往关系中的地位决定了它是社会交往关系动力建构的一个不可忽视的重要方面、关键条件之一。在交往关系中,以"城市社区"为主要空间培育健康有益团结、积极向上的关系,对交往关系动力的实现有重要的意义。应丰富"社区交往关系"的内容和形式,让"城市社区"成为以交往关系主体为重心,促进主体对主流价值的心理与实践认同,实现主体价值与利益的突破口。这就要探索实践主流交往关系的新理念,实现城市社区工作创新,使"社会交往"不再成为城市居民的"负担",而是精神动力增长的需要。

一定意义上,网络的出现需要"脱离"旧的社会交往关系动力模式,但现实社会的社会交往关系动力模式不是完全不再适用于网络交往。问题在于人们过于强调网络与现实两种新、旧社会交往关系动力运行模式的二元对立式的划分。当前，我们要对自由网络所宣传的自由关系范围持谨慎态度，要把网络空间中的选择与权力的运作区别开来，加强适应网络、多元社会交往关系动力要求的关系主体动力环节，这就需要在网络社会交往关系动力生态中合理引导。

第四章　社会发展中的社会舆情与社会治理

第一节　社会舆情信息传播的动力要素
及其真相共识

当前，由于传播媒介技术的进步，"信息分享"的社会分化加剧了，从而人们之间保持着明显的信息的距离感。而在一个操纵与控制较强的信息创制、传播与实现生态中，话语权过分集中。这种以"强权"为中心的"差序"格局不仅影响社会发展信息传播活动中一般的传播空间分布情况，而且直接在社会发展信息传播领域有相应的文化心理乃至体制化反映。在"秩序"的规范下，还形成了一些相对封闭的"圈子"加剧了秩序的固化。这就形成了某些圈子的认知偏向及自大，影响着我国信息创制、传播与实现生态中多层次、开放的发展信息传播与生成机制。

良好的舆情传播环境对社会治理有重要价值，有效的社会治理必须积极应对社会舆情信息及其传播中的问题。

社会舆情信息传播的信息源、环境信息场与信息关联方是社会舆情信息传播结构中的三大基本信息要素，在互联网中，这三大要素之间通过信息的距离逻辑形成复杂的相关作用和反馈关系。

社会舆情信息传播中的信息距离逻辑的存在，往往会对信息进行正面（同时也可能是反面）的放大。同一个事实的多个方面，一个矛盾的多个侧面，在传播过程中会发生部分放大或部分损失的情况，形成了传播效果因社会、地理、心理距离而与预想发生偏差的机制。其中，媒体中介在社会舆情信息传播中的作用主要表现为满足信息需求，引导公众情绪，影响政府决策。人们对事件的关注，很大程度上受媒体狂轰滥炸地将常规的事件放大的影响。在社会舆情信息传播的每一节奏中，媒体，包括自媒体中介，如论坛、圈子、微博等的作用已经并将越来越重要。同时，民众对意见领袖、精英、权威的崇拜心理和向心意识正在冲击着对官方发展体系的认同。比如，媒体在社会舆情信息传播中缺乏理性报道态度，甚至有些媒体为了自身的利益扭曲信息，出现了明显的偏差甚至噪音，放大了公众的不安感，往往带来强烈的负面影响，从而公众本应享有的及时获取相关信息的权利被剥夺。"不断累积的工业事故方面的经验都表明，及时而准确的信息环境很可能是所有应急资源中最宝贵的资源，从某种程度上说，为信息提供被解读的透明环境和风险信息本身一样重要。"

影响社会舆情信息传播的动力要素主要有以下两个方面。一是成熟度。成熟度又分为社会成熟度或公众成熟度、社会成员或个体的成熟度。成熟度标志着社会舆情信息传播时的理性表现。社会成熟度是一个社会作为整体所具有的成熟度，它是社会中所有个体的集合体现。社会成熟度是消除社会舆情信息不当传播的重要保证、力量源泉与资源，公众能够团结一致，共同努力，不信谣、不传谣才能有效地应对社会舆情信息的不当传播。个体成熟度对于在社会舆情信息传播中克服自身的心理，从容应对社会舆情复杂信息传播，找到应对社会舆情信息不当传播的好办法、好策略至关重要。二是认知度。社会舆情信息的认知度是指人们对社会舆情信息传播的感知方式及其程度。认知度直接影响公众对社会安全、稳定社会舆情信息传播的发展信息度。面对同样的信息的传播，应对情况不同的原因多在于信息关联方的成熟度与认知度的不同。因此，成熟度、认知度与社会舆情信息传播的信息创制与公开的策略及效果有着密切的联系。

现今包容多角色化文明的时代所能容纳的各种不同社会信息的质与量，其信息度大大超过以往。在多角色、多元化价值下，多角色差异会导致社会舆情下的社会治理会产生歧义与冲突。这种歧义与冲突在社会舆情信息不对称情况下展开。不对称大致有由时间距离阻隔引起的信息不对称、由空间距离阻隔引起的信息不对称和由社会距离阻隔引起的信息不对称三种情形。对待社会舆情信息的不对称，首先要形成某种"真相共识"是一个科学的态度。

共识是一种阐述社会舆情的信息动力形态的距离逻辑和争取认同的方法，当对社会信息交流没有共识时，就会没有规则。真相共识概念的提出在于它对社会治理中的社会舆情引导的合法化的成就，引导人们对生活规律的理解，并在实践中应用。它的意义在于不同个体之间在距离网络中的相互联系促进了一种社会及文化上的进步。对社会舆情下的社会治理的真相共识不仅为知识的进步提供创新的潜能，还加强了多角色中的社会舆情成为普遍行为原则的期待。

一段时间、空间距离中的发展总是有限的，事件往往不能够产生跨越时空的界限；社会舆情真相共识生成的典型模式是具有普遍规律效力的阐述。真相共识的达成在于各种社会舆情的信息动力形态体系在根本上进行彼此整合。何以达成共识？必须考察社会舆情的信息动力形态演进。在共识的格局里，基于社会舆情的信息动力形态的真相共识的求证和确认应该是一个动态的过程，就是从适合当代差异合作的问题中发展来的。各种社会舆情的信息动力形态体系分层安排、互相依赖的循环关系，在正在争论和已经争论过的问题之中，它对于其他的观点，是相互认同的基本元素，包含方法上主导事件介入的强理性。

这种强理性能够带来真正"客观"的有效发展。不能简单地确定社会舆情的信息动力形态的边界，束缚社会舆情的多角色合理性。真相共识与多元文化特征的凸显与一体化同步，密不可分。在走向多角色的对话、切磋、沟通中，应充分发挥当代文明多角色性所蕴含的无穷无尽的潜在优势，进而达成一种尊重当代文明多样性的基于社会舆情的信息动力形态的某种"共识"。不断提高对真相共识的认同，应自觉地重视特有的文化性或人文性，以及利益诉求，使对社会舆情下的社会治理的真相共识变得更加客观和现实。

在信息创制、传播与实现生态中，社会信息的传播与世界政治、经济一体化几乎同步，密不可分，这意味着社会舆情的信息动力形态观不再与现代世界的一体进程无关。也就是说，真相共识最大限度地深入快速增长的全球交流和结构的社会信息之中，利用主要的社会原始信息把那些社会舆情下的社会治理的真相共识的事例同其他地区的经历联系起来，在一个更大的视野中起重要的世界中介桥梁作用。同时，社会舆情下的社会治理的真相共识不应将工作限定放在同质的界限内，在"国际的""全球的"等这些关键词下，对真相共识表达了对社会舆情信息流动、交流和相互反应的兴趣。它针对的是当代共同体的实践，针对一些更广泛的课题，获取一定时间距离的以及对历史经历的发展总结。它随着逻辑与历史的发展而逐渐形成，对真相的共识就成为一种人类普遍行为原则的抽象形式。

真相共识不是一个最终的、完成的结论，也不是一个一成不变的教条，不单纯是一种历史的趋同现象，也不是那些利用"永久问题"，"所谓普遍的人性"而得到的既不能被证明也不能被驳倒的结果。因此，共识提供了一个对当今世界及社会全貌的详尽解释并反映在距离逻辑中的共同命题，每种不同信息与文化下的真相共识的信息动力形态体系都没有一种相对固定的模式来陈述，没有一个统一的方法和一种理想的语言来划定真相共识的信息动力形态的边界。也就是说，真相共识的信息动力形态如果失去了同更广泛的跨距离力量的密切联系，那么它在社会经济发展、文化变革以及政治运动中的实践性必将削弱。

揭开社会舆情信息动力形态中的价值与道德的作用及其复杂性是有必要的。所谓道德、价值性信息在社会舆情的信息动力形态中并没有消失。在有价值规范性意义的生活中，价值维度成为事实发展的实践的内部必要社会因素。实践的内在的道德使社会舆情的信息动力形态在事实和规范交汇中结合，不应该忽视所有真相共识的价值叙述形式，至少是潜在的价值叙述形式，即每一种共识都由特定的角度表述。这种角度包含道德的、价值的观点。这个价值规范性承诺在真相共识过程中起巨大作用。

总之，真相共识应在当今多元包容进程中起着构建一个明智的负责任的实践导向的重要作用，反映及形成与其他真相共识的信息动力形态体系不同的特性与合理性，应该把对真相共识的自觉作为社会舆情的信息动力形态下理解不同传统或社会中的不同群体，促使推进社会舆情的信息动力形态的重构和澄清常规中的众多信息动力形态的争论的工具。同时，社会舆情下的真相共识往往不能够突破价值的界限，问题就是如何使不同距离下的认同具有说服力，而不是在社会舆情信息动力形态中混淆它们。

第二节　社会舆情危机与信息秘密

一　社会舆情危机形成的信息动力机制

社会舆情危机产生的原因是复杂的，但是，在社会舆情危机的演进中，公众如何应对完全由其可获得的信息度所决定。

信息秘密的存在，刺激了社会舆情氛围的增强，由此导致社会中每个人都存在于与社会舆情相抗争的过程之中。这样的结果必然人为地加剧社会舆情呈朝异态"度"变化趋势。当一个常态信息系统异化为消极信息系统时，就产生了社会舆情危机。这个过程就是自身的间接显示的信息流动以及影响信息流动的内外部多重因素（力）复合作用的效应。一言以蔽之，其本质是信息度的扩散过程中的一系列消极效应。在这个信息度的变化过程中，如果没有有效的信息引导和相关的措施，必然由常态信息度发展为由各种猜测、臆想、传闻与实况等变量所合成的或忠实或扭曲、放大的非安全变化趋势的消极后果。

现代社会是一个信息与传媒社会，过往不断累积的工业事故经验要求做好风险信息秘密的公开。风险信息秘密公开的效益和意义是显著的，主要有"避免过度担心和恐慌、有效控制谣言散播、解决风险制造者与风险承受者的利益冲突、防范风险的社会放大、促进政府的社会救济、提高民众对企业和政府的信任，以及利于风险受害者及时保护自己"。风险信息秘密公开的信息传达方是否能够获得信息接收方的信任至关重要。因为，失去信任的社会舆情危机信息流不能得到有效的疏导，不但危机得不到有效解决，反而强化了社会舆情危机信息变化过程中的人为负面作用，比如，在福岛核事故中，日本前首相菅直人对有关核危机的不清晰的表态，导致民众对政府信心的丧失，降低了灾害处理的效率，最终导致议会对政府不信任案的发生。

从我国国情看，政府与相关单位垄断着大量的公共信息，是最大的信息资源占有者，与公众、媒体相比有明显的信息优势。而民主、宪政传统的缺失导致的强烈的秘密性、任意性、粗暴性的政府管理模式，使得许多原本应向公众公开的信息往往为少数人"内部掌握"。可以说，所有社会舆情危机的发生源于信息的不透明，而一旦群体性的虚假信息产生，则群体规模越大，群体成员之间的吸引力越强，从众行为就越明显。从众行为的公开性又会进一步促进从众行为，形成一个不断恶化的反馈效应，对流言深信不疑。

因此，社会舆情危机的演变过程，固然有不以人的意志为转移的客观性的一面，但社会舆情危机变化动力系统中的人为动力因素是不可忽视的方面，而其中信息秘密起着重要作用，"当透明度不够的时候，从正剧到荒诞剧，只有一步之遥"。信息秘密，尤其是风险信息秘密的公开对于社会舆情危机应对有极其重要的意义。

二　信息度与信息公开

（一）信息秘密公开中的"信息度"

通过信息创制与公开来应对社会舆情危机确实是要把握一个"信息度"的，充分的信息公开会影响决策的效用和作用。然而，有时候信息公开生死攸关，甚至会有更大的社会舆情危机出现。还有一种现象，社会舆情危机会发展成鲁迅先生的所谓"铁屋比喻"，"假如一间铁屋子，是绝无窗户而万难破毁的，里面有许多熟睡的人们，不久都要闷死了，然而是从昏睡入死灭，并不感到就死的悲哀"，信息公开反而增加处在"铁屋"（社会舆情危机）里的人们的危机感。这种情况下，人们是否更愿意被信息秘密蒙蔽，或者说在多大程度上希望被告知是一个极具争议的问题。

从信息创制与公开视角看，以确定的信息应对社会舆情危机的任务是通过研究社会舆情危机信息变化的复杂特性，掌握社会舆情危机信息演化的动力规律，通过对社会舆情危机信息活动周期各个不同阶段信息的监控和情报分析，有针对性地控制信息出入的质与量，即信息度，从而缩短社会舆情危机发生的时间，或加速变社会舆情危机为转机的进程，或降低社会舆情危机的负面影响，等等。

一般来说，风险信息秘密公开应该是充分的、毫无保留的，以便能够采取有效的措施避免伤害、消除焦虑或使损害最小化。信息提供越透明，它就越可能对风险信息秘密公开产生重大的正面影响；如不能提供确切信息，则使得民众疑虑重重，种种猜疑和政府"姗姗来迟"的支援动摇了风险承受者对政府的信心，同样招致民众的不满。从公开、公正角度看，信息的公开存在少数情况的例外，对例外范围要作尽可能狭窄的界定，对这些公开的程度应予以高度重视，最好的方式是应交付公众讨论。若没有这么做，将会导致一种缺乏坦诚态度或是试图加以掩盖的公众感受。因此，尊重公众的知情权和参与权，保持信息渠道畅通，增进信息沟通，积极引导公众的参与，才能平稳度过风险。

（二）信息秘密公开中政府的作用

政府应该负起避免社会舆情危机的发生、干预社会舆情危机信息的自然演进、最大可能地阻止社会舆情危机的恶化，从而降低危机所造成的损失的责任。

普通公众在面对社会舆情危机信息时，理性地判断各种社会舆情危机信息传播渠道的公正性和可信性能力有限，常常不知道如何才能接触正确的社会舆情危机信息源。实际上，公众对社会舆情危机信息的认知常常是简单的、经验性的、感性的，受主观判断或成见的影响，进而导致以偏概全的判断，简单化、感性化导致对社会舆情危机信息的极端表现，或乐观，或悲观，或无动于衷。对得到的社会舆情危机信息也缺乏科学判断和理性分析，容易轻信来自人际传播渠道的流言蜚语，这就需要政府这个权威社会舆情危机信息源。

其实，传播经由多级信息中介，构成了沿着"差序"距离逐次一圈一圈地由内向外推演的"差序"格局。它既是横向层面的分布，同时也是纵向上等级化的、倾向于强权的。从社会距离逻辑上看，公众对社会发展信息的距离逻辑掌控存在一种高低流向。由低的对象向高的对象推移时，似乎产生了重力效应，不免有一种受挫之感，感到一种困难，因此，信息流向的困难在于高高地在上面前进，而易于循着下降的方向后退。

有效的风险信息秘密公开需要政府不受任何特殊利益群体的非法干预。其实，危机可能更多地来自信息的不透明，因此，政府应积极主动公开相应的信息。然而，庞大的利益集团及其利益链，常常导致隐瞒危机信息。比如，在福岛核事故中，东京电力公司之所以敢在风险前期隐瞒信息，恣意妄为，日本政府有不可推卸的责任。日本福岛核泄漏危机中风险信息秘密公开的经验教训至少可以得出如下结论：如果政府只是一味地封锁社会舆情危机的相关信息，公众无法正确地获取社会舆情危机的性质、原因和事态发展的方向和后果等信息，就必然会进一步激化人们的社会舆情危机心理，而且公众无所适从，这样社会舆情危机不能有效解决。

研究表明，当流言蔓延时，如果政府的立场暧昧，信息度模糊，公众对政府的信任度将下降。所以，有效的风险信息秘密公开需要政府做到"对风险的识别，建立风险评估体系，收集、传递和处理相关信息与情报，并据此作出分析和诊断，不断提高预测和预报能力，根据风险的永恒性和常态性需要配置专门的机构和具备风险管理经验的专业人才来应对，履行应急、信息处理和综合协调职责，发挥风险管理的运转枢纽作用"，以达到减少风险、防范危机的目的。

对于一个人来说，关注的社会舆情危机往往是具体的危机信息。对政府来说，社会舆情危机则一般不是一个个人的具体的事情。这里存在一般与具体信息之间的关系。然而，我国政府的"官本位"色彩还比较浓，表现为对公众的社会舆情危机认知信息度的重视和把握还不够。从专业角度出发这是很有价值的，有助于对社会舆情危机信息进行科学的定位和处理，但是政府更应该重视广大的公众的信息认知度。一般公众基于直觉对社会舆情危机的判断往往具有更强的信息逼真性。其实，在社会舆情危机应对的信息创制、公开过程中政府要有公众信息本位意识，这也体现了政府把公众的利益放在第一位。

（三）充分发挥媒体在公开中的功能

信息秘密的一个强烈激励在于为利益集团的运作披上遮蔽的外衣，而揭开这个外衣，媒体发挥着至关重要的作用。

媒体的风险信息秘密公开是建立在沟通公众、政府与企业相互信任的基础上，媒体作为独立于企业和政府之外的第三方来评估风险，核实安全信息的真实性。如果任何一方对信息的传递缺乏信任，那么就很难将信息准确地传达给各方，并对危机的有效解决产生预期的影响。

风险制造者和风险管理者通常都会把信息隐瞒到风险的后期，这是屡见不鲜的错误。如在福岛核事故社会舆情危机中，所有的信息和相关数据都由东京电力公司提供，使公众无法掌握真实的信息。从社会舆情的传播动力形态上看即发展信息秘密公开是需要创制这一个中介的。当代社会公共媒体中介具有引导舆论导向和稳定社会的责任，成为社会心理状态的信息指示器。可以说，主流媒体的正确引导，可以稳定公众情绪，凝聚社会力量，有效解决社会舆情危机。

在我国信息创制、传播与实现生态中，制造网络谣言、操纵舆论的现象，在一定程度上存在。一方面，要打击恶意造谣；另一方面，还应注意中国出现所谓"官谣"，一定意义上，这是因为部分官方媒体没有信任度，信誉沦丧，所以，正如有关评论所说的，"官谣"才是"民谣"存在的基础。因此，官方媒体要有社会公器的自觉，让公众能够得到正确的信息，还要有针对性地与媒体对话，引导与适度控制媒体的社会舆情信息传播。

三　安全风险信息公开的关键原则

信息秘密存在的动力除了其中存在的利益因素外，往往还在于其内含的安全风险信息，使相关责任方或有意或无意地封锁信息，从而导致信息秘密的存在。因此，信息秘密的有效公开必须充分考虑安全风险信息公开的制约因素，并采取正确的方法与途径实现公开后的正效应，避免负效应，即有利于舆情危机的解决、安全风险的沟通甚至化解。这就需要把握公开的关键原则，即适实（事实）原则、适时（时间）原则、适势（趋势）原则、适式（形式）原则，概之为"四适"原则。因为在社会舆情危机的信息应对过程中，要求把握不同的社会舆情危机信息事实类型并针对不同的事实类型采取不同的信息创制与公开策略；在处理突发公共安全事件时坚持效率原则，既要针对一般性，又要根据特殊的关联方，以各种信息形式合理调控，引导社会舆情危机信息朝理性的方向发展，最大限度地减少危害和影响，若"文不对题"、错过时机、方式不当等将人为地使损失大幅增加。

具体来说，第一，适实原则。这主要是从社会舆情危机信息的等级及分类上说的，是以信息度为核心控制社会舆情危机的一个关键方面。安全风险信息分类越准确，越对决策者的应对产生较大的影响。社会舆情危机性事件的分类提供了有关社会舆情危机发生原因维度的信息，对进一步澄清社会舆情危机可能发生的领域、不同领域可能发生的社会舆情危机的性质等有重要意义。

如果不能对社会舆情危机加以分类，就无法研究社会舆情危机的具体过程及对其进行具体的、有针对性的信息分析，从而无法实现信息控制。这要求把握不同的社会舆情危机信息事实类型，有针对性地采取不同信息创制与秘密公开策略。

第二，信息公开的时机显然会影响安全风险信息秘密公开的效果。在社会舆情危机信息环境场中，要么是正确的有利于社会舆情危机解决的信息，要么是导致对社会舆情危机的错误的认知和解释，从而加剧社会舆情危机的信息。而社会舆情危机关联方，尤其是受动方的社会舆情危机信息中常常包含社会舆情危机的真假信息等，这时适时地把信息秘密公开输入社会舆情危机的信息系统中就显得至关重要。因为应对社会舆情危机的信息机制在于整个社会舆情危机的信息系统，包括信息关联方协调应对社会舆情危机。如果信息的创制与公开不及时、适时，就会造成流言、谣言的泛滥。

需要特别注意的是，在信息公开中，人们对信息的接受明显有一个可注目的"逆反"的性质，就是除非任何一种信息秘密存在，完全使其受挫折，否则，反而有一种相反的效果，即人们反而以一种超乎寻常的力量灌注于所谓"越挫越勇""屡败屡战"。在集中精力探索信息秘密时，鼓舞了灵魂，产生一种在其他情况下不可能有的昂扬之感，使人感觉到了自己的力量。如此，更加要求信息公开了，同时，相关的正向引导却极可能产生消极的后果。这突出了信息及时、适时公开原则的重要。

第三，适势原则，即从"信息源"及时、透明、有效地通过多种渠道向接受者传输，力求将危机降到最低。

在社会舆情危机信息变化过程中，整个信息周期分为发生、发展、衰退、平息四个阶段，不同阶段信息度的变化趋向是不同的。从信息度的控制程度看，要根据社会舆情危机信息周期的阶段性划分采取不同应对策略。如社会舆情发生时，信息度的扩散与常态不同，所以，对社会舆情要应势告知，理性因势利导。一旦出现社会舆情危机，这时危机信息呈外散性，具有突变与复杂化倾向，处理的难度大，要科学地掌握社会舆情危机信息系统各个要素变化趋势，对危机可能发生的变化、逆转作出分析和预测。

第四，适式原则。这要求根据信息创制、传播与接受存在的内在的距离逻辑构建信息创制与公开的实效形式。比如，从积极角度看，信息得以传播就在于信息不对称。这种不对称意味着社会舆情信息传播需要距离感。再如，信息在时间距离中的传播要比它在空间的各部分的推移困难得多，与此同时，对信息不对称的消除效果要好得多，这是因为空间在感官看来是比较顺利和方便移动的。而通常经由历史考验过的，或在同一时间距离上的空间中的最辽远的地方所带来的东西，是那样的珍贵与真实！所以，当信息公开中社会距离阻隔非常小的时候，消除社会信息不对称的努力就相应地减弱了许多，因为短距离有一种减弱情感及对事物接受意愿的倾向。但在出现一个巨大的社会距离时，不对称性便提升了信息接受的难度与质量。这样即要求信息的创制与公开的方式根据社会舆情危机关联方尤其是受动方的需求特征来决定，使公众最容易接受信息。

总之，现实生活中，面对社会舆情危机，政府、媒体、公众及个体所掌握的信息存在质与量（即"信息度"）的不同。社会舆情危机信息系统中的关联方，如青少年、老人、妇女、儿童以及专业人员等对社会舆情危机信息的感知、解释等应对是多种多样的，会因历史、地理、自然条件和文化等因素而不同，也会由于性别、年龄、职业、教育程度等个人因素而相异。而且，由于心理成熟度、承受力、信息辨别力问题，还容易成为社会舆情危机中的特殊人群。因此，作为社会舆情危机信息系统的主动方，政府与相关企业、媒体应该了解公众特有的社会舆情危机信息认知度与成熟度，重视公众对社会舆情危机的感知方式和信息解读接受习惯，以及整个社会舆情危机环境场的信息特征，切实遵循安全风险信息公开的关键原则等，这是保证信息公开与风险沟通取得较好效果的前提条件。

第三节　社会舆情下社会治理共识及其距离逻辑

当代不同地区已紧密地被"一体化"联结在一起，需要从平衡信息创制、传播与实现的角度对地方敏感的得与失做出回应，也即对社会舆情信息动力结构的内部多样性和许多地方力量导致的距离差异同时保持敏感，实现具有概括性和普遍意义，包含适合最有效角色和原则的社会治理共识。

社会舆情信息下的社会治理共识，也即具有普遍规律效力的社会舆情信息动力形态下的社会治理共识，不仅是距离逻辑下政治进步的需要，也是在信息创制、传播与实现生态的大背景下进行的需要，还符合社会治理把经验性事件与规范性效果结合起来的实践要求，对不同距离下的社会舆情的信息动力形态认同具有说服力，符合对所有论述的经验性的真实的需要。

社会舆情信息动力形态下的社会治理共识既属于实践的范畴，也属于发展论范畴。以一种现实的观点来审视社会舆情信息下的社会治理共识形成的动态过程，它是人类作为拥有理性的存在，通过自己的现实性力量创造出自己的存在的一种必要性，是发展方向性需要的产物，且这种方向性需要只能通过解释过去的经历来完成。

共识不强调超越特定时期人类活动的普遍性准则，而是专注于社会舆情的信息动力形态与特定距离本身的关系，追求来源于不同距离逻辑下的规范性及其价值观的发展，阐明本来面目，追求获取值得信赖的社会舆情信息动力形态下的社会治理。社会舆情支撑的共识远比地理边界线重要得多，相信创造性和跨越性是最有价值的品质。治理共识要遵循社会舆情的信息动力形态的距离逻辑，其效力受到了距离结构性变化的检验，社会舆情信息下的社会治理共识在本质上是跨距离的。

在一定意义上，社会治理共识是一种阐述发展目标的距离逻辑和争取认同的方法，是以平等的规范性思想和论证的普遍推理原则为基础的。所以，在正在争论和已经争论的问题之中，就应该把距离逻辑作为处理共识的理性自觉手段与方法，把握好"距离中的共识"与"共识的距离"两个方面的规定。

社会舆情信息下的社会治理共识的生成的典型模式是，具有普遍规律效力的跨文化、跨区域，以多角色为焦点，具有描述社会发展普遍模式的历史与实践作用，跨距离促进社会舆情信息下的社会治理共识的达成与发展。跨距离方法框架能够随着从特殊社会信息共识中获得的新启示而不断完善，从而发展一个普遍的跨距离的社会舆情信息下的社会治理共识是可能的。

从信息到社会信息再到社会舆情信息，是由自然到文化的转变，是由人类的理性所决定的，更是人类主体实践赋予的。人类可以把人的自然性转化成社会（文化）的属性，也即实现类的共同性，而距离的产生及其弥合都是以这种转变为基础并且以之为起点的，进而通过在差异关系中，在存在无休止的，诸如与自然的冲突、与力量和权力的冲突之中产生新的共识性力量。

社会舆情信息下的社会治理共识的原动力来自人的主体性，对社会舆情的信息动力形态的主体距离关系动力的捕捉、分析和研究，反映了不同社会舆情之间共识的可能。对社会舆情的解释的主体性，需要公正地、多样化、不过于同质化地对待，如果对社会舆情信息动力形态下的社会治理共识单纯以任一个主体行动的方向为目的，那么这个过程很可能导致共识偏差。迎合具体主体需要的方法也许会产生有前景的、有洞察力的社会治理，特别是把共识应用到不同的信息与文化之间，也确实是有相似的一致影响，但应该明确地避开执行这样的社会治理共识。因为这试图将特定主体的某种信息观念结构强加到其他距离逻辑语境上，应从社会舆情的信息动力形态结构中主体距离关系动力的内在规律和相互作用着眼，不仅关注其实践层面上的政策动机，而且特别关注社会舆情的信息动力形态。

社会舆情信息动力形态有存在论和发展论上的距离。在共识中，每种论述都包括自己和他者的不同，而且这种不同具有规范承诺力，这种方法应该理解为在社会信息距离阻隔中如何达成对不同距离下认同的说服力，符合所有论述的经验性的真实的需要。为了促进跨距离间的社会治理达到较好的社会舆情信息下的社会治理共识，至少需要一种用对方话语进行交往的能力。每个人都有着某些特定的成见和看法甚至偏见，或一套自己的价值观、真理观。这也就是一道共识上的鸿沟。若要缩短不同间的距离，势必要有更多共识，甚至包括在达成共识时能够采用惯于使用的语言、思维、立场等。

社会信息系统是混乱的，产生这些误解与混乱的原因，除了最重要的政治、哲学的冲突因素外，至少在一定范畴内，还存在用不同的语言解释的概念。相同概念经常被不同的语言所翻译，看似相似但意义有很大不同，就如在生活中因为不理解彼此的言谈就会发生交流的混乱。这种混乱不仅指不同的自然与人工语言信息之间翻译带来的混乱，也指文化传统及沉淀在其中的思想形式之间的混乱。达成社会舆情信息下的社会治理共识的目的就是克服社会信息系统的障碍，试图达到社会治理共识的唯一性，必须在一定的距离逻辑规范的基础上，把历史的经验性事件与规范性效果结合起来。

历史的距离往往由一个国家、一个民族、一个地区、一种宗教文化等历史事实及其暂时关系构成，基于"历史的"距离逻辑的社会舆情信息下的社会治理共识意味着过去通过一系列的时间序列事件及其发展和今天联系起来。如此，历史的跨距离对社会舆情信息下的社会治理共识就是要根据以往发生的一系列重大事件揭示发展的本质，对各种社会舆情信息，根据不断演变的历史，通过全面研究过去留下的可靠资料来发现事情的本来面目。

任何一个领域都可能保留一些先前确立的界限，都存在概念问题，都有自己概念的历史，这给社会舆情信息的交流带来了压力和困难，会形成意见的不一致。概念对社会舆情信息动力形态下的社会治理共识特别重要，基本概念在促进跨距离对话中承担着重要的任务。利用概念共识，尤其是核心概念的时间序列的方式来阐明如何准确地使用概念并采取相应的行为，及其对实际问题的影响，提供适合某一常规框架的固定意义，来克服社会治理共识中的混乱与驳斥那些偏离所谓"正确的"不同观点。

社会治理共识要注意这些不同在跨距离语境概念中本身的变体，而且把注意力集中在一些不同传统中的概念历史。但是，不应是纯粹概念，需要研究语言表达以外的深层思想，以及这种思想的含义、目的、必要性、限制等问题。通过揭露不同距离逻辑下的社会舆情信息动力形态的历史定位与价值，对日常生活的方向及其社会政治有着重要作用。因为治理共识要适合它们的历史定位需要，其价值、规范性满足社会对秩序的基本需要，使不同的真相共识变得便利。这种标准与视角决定了对过去经验性的认知成为历史"事实"的本质，把这些事件的经验性实例及其特征都考虑进去，阐述不同历史信息与文化的区别是必要的。这对于识别不同社会舆情的信息动力形态有重要价值。应深入理解其中差异所内在的历史与现实汇流、交融的巨大潜力，这种潜力符合了解时代的特征以及其他差异方面的需要。在实现这种理解后，把历史距离同社会舆情的信息动力形态紧密结合，将过去的经验性事实作为历史性运动的一个方面，在社会舆情的信息动力形态的距离逻辑下使其成为结合过去和未来，今天的、历史的、实践的社会舆情信息下的社会治理共识。

在达成社会治理共识过程中，社会舆情信息下的社会治理共识脱离了更大的全球性社会信息网络就无法得以恰当地推进与理解。应加入一种全球的视点，从跨地区交流和互动的角度，基于信息的不断增长的跨文化联系，不要把对社会舆情信息动力形态下的社会治理共识限定在特殊的经过缜密勘测的国家与地区。国际化和跨文化问题已经成为存在的焦点，这一转向需要一种能够平衡全局和地方敏感的新的世界观，以及有必要发展一种新的真相共识范例和方法，为社会治理提供新观念、新方法和新动力，才能在面对诸多失序、无序状态时而不慌乱，才能在逐步实现物质生活的现代化时，在精神方面不至于产生价值失落。治理共识要能够切实地进行翔实的、敏感的回应，既有历史与区域意识又有全球意识，不能只趋向于增强地区偏见，收集附加的地区性专门信息，而要以跨文化、跨区域的方法整合不同的细节信息，找到能平衡多矛盾关系的普遍与特殊的方法。

第四节　社会交往关系维度下的
社会治理机制及模式

一　作为社会交往关系的社会治理

推动社会发展要有相关社会治理。党的十八大报告强调，要"加强基层社会管理和服务体系建设，增强城乡社区服务功能，强化企事业单位、人民团体在社会管理和服务中的职责，引导社会组织健康有序发展，充分发挥群众参与社会管理的基础作用"。[①]

任何社会治理活动都是在与公众的交往关系之间展开的，双方总是处在共同的交往关系中，没有交往，社会治理关系便不能成立，社会治理活动便不可能产生。所以，从交往关系视角来看，社会治理是一种社会交往关系存在，表现为社会交往关系过程。这里，将社会发展定位在特定社会治理中，意味着社会发展的实现需要在社会交往关系中创造社会发展的强关系动力。

社会发展一方面通过对历史经验的占有，另一方面通过人与人之间的交互交往关系，如此，社会治理要以社会主体、社会客体与社会中介"三元一致"的强交往关系动力构建为依托和前提，"三元一致"交往关系能够更直接、更突出地反映"社会治理"的实效性的程度。这表现了一种社会发展成果共享与共治的社会交往关系的社会治理维度。

在社会发展过程中，社会治理实效是受制于社会交往关系动力情境与水平的，建构和谐、有效的交往关系是社会治理的最佳方式之一。作为公众生活中的重要交往关系，要正确对待营造一个和公众融洽相处的社会治理氛围。当社会治理者能平心静气地倾听公众的意见，拉近与公众之间的心理距离时，就具备了与公众和谐相处的号召力和凝聚力。实际上，社会治理目标达至公众的距离，即为公众真正领会、接受，是在主体之间心理距离和社会距离的弥合，是一种跨距离的信息交流。换句话说，如果治理

[①]　胡锦涛：《坚定不移沿着中国特色社会主义道路前进　为全面建成小康社会而奋斗——在中国共产党第十八次全国代表大会上的报告》，《人民日报》2012年11月18日第2版。

者能与公众"同理心",自然可以拉近彼此的心理距离,增强社会治理的效果,使本来不那么容易解决的问题在平和的氛围中得以顺利解决。

二　社会有效治理的强交往关系模式

党的十八届三中全会着眼于维护最广大人民根本利益,最大限度地增加和谐因素,增强社会发展活力,提出了创新社会治理体制的新观点、新要求、新部署。

20 世纪 90 年代以来,在西方发达国家对"新公共管理"的市场治理模式的批判和质疑声中,"新公共服务"理论主张的开放、参与、合作、共赢的公民参与的多元治理新模式迅速崛起并日益引起人们广泛的关注。适应这一发展趋势,建立以政府为主导、公民参与的多维度的社会治理模式已经成为当前及未来我国社会治理模式的理性选择。① 具体说,社会治理模式变迁的内涵包含以下几个方面的内容:其一,社会治理的主体由单中心向多中心转变;其二,社会治理的手段由平面化向网络化转变;其三,社会治理的目的由工具化向价值化转变。②

从交往关系动力视角来看,社会治理关系模式有两种:一种是"我—你们"关系动力模式,另一种是"我—我们"强交往关系动力模式。在"我—你们"的关系模式中,"你们"(客体)只是"我"(管理者)认识、利用或控制的对象。这是一种对立的关系。而"我—我们"的关系模式则是社会治理应有的一种真实的基本关系模式。"关系动力"的存在是客观的、普遍的;整个社会存在都是"我"的客体,构成一个"我"与社会之间的主客体关系。人同自然之间首先形成主客体关系,自然作为客体。此种关系是改造与被改造的关系。理解人与人的关系就不能用这种人与物的关系来理解。

社会治理是一种为"我们"而存在的关系。"我—我们"的关系是应有的一种真实的基本关系,当"我们"相遇时,"我们"以"我们"的整

① 朱进芳:《社会治理模式创新及实现条件》,http://stj. sh. gov. cn/Info. aspx? ReportId = 701fa246 - f91c - 48b2 - 98c8 - 4bb5e0d26836。

② 孙晓莉:《社会治理模式的变迁》,http://www. china. com. cn/chinese/zhuanti/xxsb/884342. htm。

个存在，"我们"的全部生命，"我们"的本性来接近"我们"。"我—我们"的关系是基于社会发展成果共享的共治与信任关系，是"我们"之间最直接的、交互的、活生生的相遇关系。然而，在"我—你们"关系之中，"你们"从自充盈圆的"我们"中异化、退缩出来，成为一个单向度的功能体，成为被经验物、利用物。"我"捕获它们，占有它们，仅仅表现为与"我"产生关联的一切在者都沦为"我"经验、利用的对象，是"你们"满足"我"之利益、需要、欲求的工具。"我—我们"强交往关系动力则是相互的，关系之经纬交织，关系之平行线欣然相会。也就是说，"我们"之间是相互的关系，在相互的沟通与接触过程中，彼此敞开心扉坦诚以对，从而使得"我们"实现于关系中敞亮自身。这种相互、相遇之中实质上昭示了在相互信任中促进各自的发展。社会治理只有与公众建立"我—我们"的关系，只有通过共治和信任来化"你们"为"我们"，在"我—我们"社会发展成果共享的情境里，才能有大的交往关系动力来改变不和谐与紧张的现实状况。社会发展成果共享和共治的特点从另一个角度体现出"我们"的一种相容性的特点。

在"我—我们"强交往关系动力世界里，"我们"均在对方出现的同时而将自身与对方统一，化为强交往关系动力体。在"我—我们"世界里表现出无间性，社会治理者的帮助和指导是发自内心地建立在相互信任的基础上的，社会治理者为了帮助公众获得充分的发展，把公众看做完整的人，不把公众视为一系列的属性或需要的单纯集合，而把公众作为整体。强调双方真正的共治，对"对方"的"敞开"和"接纳"，把对方作为"我们"而交往。如此，在"我—我们"强交往关系动力中"我们"显现为社会主体性。"我们"相遇，人格之存在依赖其进入与其他人格的关系，是自然融合之精神形式，"我"步入与"我们"的直接关系里，"我们"实现"我们"；与公众交往关系既是被选择者又是选择者，治理者既是施动者又是受动者，显现为社会主体性和平等人格。

社会治理过程，不是以一个训诫者、命令者的角色来面对自己的工作和公众，主动将原有的管、堵、压的单向支配式的社会治理模式转化为真正意义上的社会治理。这要求治理者拿出一颗真诚的友善之心实现与公众面对面的共治和信任交往，把眼光从看管和规训转到对公众发展上来，打碎横亘在社会治理与公众之间的关系"中介"和交往障碍，走向"我—我们"的直接无间的"相遇"。这样才能让治理者细心以察，热心以助，让社会治理者焕发出对社会事业无限的热情，更好地引导和帮助而不是训诫和责罚。

共治和信任能让社会治理者自觉放弃和克服那些粗暴的手段和恶劣的态度及冰冷的说教面孔，克服仅仅把社会发展当作某种不得不完成的指派性任务，对社会治理真心以待。因为共治和信任能让社会治理者真正把公众当一个完整的、独立的人来看待，而不仅仅把公众当作社会治理的对象和构建的"物"去看待。相对于"我—我们"强交往关系动力，"我—你们"关系世界则表现出一种孤独性、异己性和排他性的特点，流连于事物之表面而感知它们，所缺少的就是基于关系动力所构建的这种无间，即社会发展成果共享、信任、共治和相容的"我—我们"强交往关系动力世界中的交往关系。

总之，"我—我们"源于自然的融合，而"我—你们"关系源于分离。社会治理的"我—我们"强交往关系动力的突出特点是无间性，也就是说"我—我们"之间是一种直接相通的、"面"对"面"的存在与豁达的没有隔阂与偏见的关系表现。相对于"我—我们"强交往关系动力，"我—你们"关系表现为一种间接性。"我"与"你们"之世界是充斥功利目的、阻碍的世界，其间没有直接的平等相遇，"我"只能通过纷繁复杂的"中介"方可抵及"遥远"的"你们"之世界，从而"我—你们"的交往关系表现出一种疏离性、对立性。对于社会治理来说，不能脱离公众，应当妥善处理与公众之间的关系，用正确的、真实的"我—我们"交往关系模式去挖掘公众的最大发展潜能，实现有效治理，正如党的十八大报告强调的要"正确处理人民内部矛盾，建立健全党和政府主导的维护群众权益机制，完善信访制度，完善人民调解、行政调解、司法调解联动的工作体系，畅通和规范群众诉求表达、利益协调、权益保障渠道"。①

---

① 胡锦涛：《坚定不移沿着中国特色社会主义道路前进　为全面建成小康社会而奋斗——在中国共产党第十八次全国代表大会上的报告》，《人民日报》2012 年 11 月 18 日第 2 版。

三　社会治理的强交往关系动力构建机制

从世界发达国家和地区的经验看，现代社会组织和公民既是被管理者，又是管理者，因而现代社会治理是管理主体与管理客体的统一，社会治理模式是共治共享型的公共治理模式。

（1）社会发展成果共享不仅是社会治理交往的方式，也是社会治理情境。在社会发展成果共享中，社会治理者和公众都为社会治理活动所吸引，他们共同参与、合作、投入和创造相互交往的活动。因此，社会发展成果共享是指双方的"敞开"和"接纳"，是对"双方"的倾听。

随着人的经验和利用世界的能力的持续增长，人们越来越以间接手段来取代直接经验，把对"你们"之世界的占有间接转化成直接的共享。从社会治理方面来说，意味着社会治理没有贬值为仅是公共产品与服务的单向传递；从公众方面来说，意味着他是在创造公共产品与服务的一环而不是被动地承受别人的恩赐。不要把社会治理的着眼点放在单向公共产品与服务上，忽视强关系动力构建关系中的公众，从而造成专制，但如果把强关系动力构建理解为"社会发展成果共享"，则治理就完全不同了。社会治理的强关系动力并不是与公众无关，只有和谐地处理各种关系，理解人与人的关系，并和谐地结合起来，才能成为真正的、有效的治理。

因此，应把强关系动力构建理解为在社会发展成果共享中不断生成与发展的过程，是出于自由的情怀而建立相互之间的"社会发展成果共享"关系。通过"社会发展成果共享"把公共产品与服务"提供"给公众，赢得公众内心的认可，这种认可就会化作一种向心力、凝聚力，影响公众内心的情感，真正有效地使社会治理在相互作用中达到理解，精神获得沟通。在这样一个充满动力的社会治理中的交往关系，散发出来的气息是充满激情的，公众受到的感染也是充满激情的，整个社会发展的氛围就会是积极向上的，形成一种持续的内在发展动力。

（2）共治机制。在社会治理的手段由平面化向网络化转变背景下，强调由多元主体构成的网络化的治理体系，不同主体具有平等的地位，通过协商和合作的方式共同实现社会治理的目标。因此，任何一个成功的社会治理，或者社会治理的强关系动力构建，同样也离不开公众的共治，都需要公众的协助，必须建立多中心的公共治理机制。正如李立国指出的，社会治理是全社会的共同行为，要加强党委领导，发挥政府主导作用，鼓励和支持社会各方面参与，从传统的社会管理转向适应时代发展要求的社会治理，努力在实现政府治理和社会自我调节、居民自治良性互动上取得成效。[①]

通常认为，治理者是公共产品与服务的拥有者和传授者，是权威，而公众则是被主宰者，被动地授受和服从，这种社会治理因而是强制性和灌输性的。现行社会发展往往以追求表面形式为目的，社会治理总是戴着权威的面具，把公众看做控制和社会治理的对象，导致社会发展过程中社会治理者被预设为权威和完美的化身、规范的维护者、严格的执法者，另一方（公众）则被先验地认为是在德行方面有问题，对社会治理提出的各项要求和规范无条件地接受、服从和执行。更甚之，有的社会治理者为实现社会主体的遵规守纪、言行规范而采取压服手段，结果导致交往关系充斥着疏离、对立，弥漫着猜忌和敌对情绪，呈现管与被管、命令与服从的单向支配和强制关系。在社会发展成果共享中，社会治理者要与公众建立共治关系，这意味着社会治理者从不作为公共产品与服务的占有者和给予者，而是通过共治启迪、引导公众的精神，与公众共同寻求真理。

这样互相促进，发挥双方的交互作用，双方都具有完整的个性，在社会共治中，双方互相承认、互相尊重。当治理者用亲和的态度与公众相处时，公众也自然愿意尽全力协助发展。在共治中，公众自己发现公共产品与服务和获得智慧，社会治理者不应因掌握权力而决定公众的生活，或者控制、操纵。

在共治中要明确责、权、利。社会治理关系到公众的责任、权利和利益，要把握好责、权、利三者之间结合的"度"。责、权、利三者之间的结合越合理，公众的发展就越有积极性；如果社会治理不能公正地把握这个"度"，就会引起激烈的矛盾冲突。所以，社会治理要让公众知道具体的责任内容、权利范围和利益大小，要让公众明确自己在社会发展中的位

---

① 《创新社会治理体制》，http://www.qstheory.cn/zxdk/2013/201324/201312/t20131212_301550.htm。

置，并明确该位置应承担的责任、应享有的权利和将得到的利益。

总之，一切目标的完成都离不开公众的认真参与过程，社会治理要充分共治，与公众坦诚相待，坦诚和共治是最好的相处与治理之道。因此，要给予公众充分的发挥空间，让公众感受到自己在这个社会治理的强关系动力中的价值，更愿意在社会发展中积极表现。

（3）信任。社会治理者与公众之间是一种社会发展合作关系。在社会治理中，作为整体存在的公众既有共同性与普遍性，又有独特性与个别性，只有在信任基础上建立社会治理关系，给予足够的支持，对错误的包容和信任能给公众很大的精神鼓舞，进而产生更大的动力，公众的创新与发展精神才能获得整体性，社会治理的协同合作力量才能真正有效、完整地发挥作用。社会发展成果共享和共治是以信任为导向的。共享与共治也就是社会治理中公众双方信任的过程，若没有双方共治的社会发展成果共享，也就不可能形成互相信任与承认；没有信任，双方也很难形成社会发展成果共享。

信任是一种尊重、鼓励与赞美，是一种给予公众自信的有效方法，不仅形成公众交互性的关系，而且也使公众的精神受到启迪和引导，是公众自觉进入社会治理的交往关系情境之中的精神动力之一。信任不仅是双方精神世界的相互作用，而且还包含公共产品与服务的传达。因此，公众之间的信任既包含人与人间的信任，又包含对公共产品与服务的信任。社会治理要真正地实现公众作为独特的发展的意向、创造和选择的主体地位，个性以及自由需求，就要信任公众，尊重公众，进行双向互动，实现对公共产品与服务、情感与期望等的一种"社会发展成果共享"。当公众的内心受到极大的鼓舞和激励，就会自动自发地去发现、去发展、去实践、去创新，来完成社会治理的强关系动力构建目标，并进一步完善良好的社会交往关系，而不是强迫公众服从自己的意志，接受自己的权威。

下 篇

信仰、文化与生态：社会发展的动力维度

第五章 生态信仰与社会信仰文化

第一节 信仰、文化与信仰文化

古往今来,在人类发展史上,不少睿智明哲之人都在探索人在世界上的地位怎样,人的生命活动的意义是什么。这些人生和人生的价值命题经常困扰着人们,吸引着人们,使人们对诸如"善恶""正义""善""幸福"等产生了千差万别的理解。随着认识的升华,就产生了各种各样的信仰文化。为了深入剖析"信仰文化"的内涵及价值,首先对"信仰"与"文化"概念进行简要的理论考察。

一 信仰:功能、类别及动力根源

信仰是一种景仰崇拜、持久稳固的情感寄托和意识依附,是人的精神世界的灵魂,是指人们对某种信念或理念所倡导的价值观的正确性的笃信和关于普遍、最高(或极高)价值的信念。当人们看到不完善性时常把理想性和完善性升华为信仰,从而反哺和安慰自身。比如,人有追求完善的本性,从而,世界上的主流宗教的宗旨可以归纳为一个字——"正"。"正"就是规诫人们走正道,不要搞邪恶。这样的情感寄托和意识依附可以在很长的时间、空间跨度内,在各种不同的境况、条件下,满足人们特定心理情感的需要并在意志激励方面给予积极的张扬和支持。正如有研究者指出的,信仰就是"对人生及其生活于其中的社会乃至整个宇宙的起源、存在、性质、意义、归宿等重大问题的认定和确信,并以此形成人们的最高价值理想和终极目标"。[1]

---

[1] 魏长领:《道德信仰与自我超越》,河南人民出版社,2004,第11页。

信仰作为一种意识形态，不仅具有稳定性、持续性，还有一定的权威性。信仰的类别也是多种多样的。如信仰可以是关于自然的或人文社会的、事实性的或价值性的。不同的国度，不同的历史时期，不同的社会制度下，同一国家的不同地区、不同单位的不同人群，都会表现出不同的信仰方式。按心理载体不同，信仰可分为意识信仰、情感信仰、道德信仰；按诉诸对象的载体或信仰依托的来源不同，可分为宗教信仰和非宗教信仰。一般来说，非宗教信仰基本上没有固定的信仰方式；作为一种价值理性信仰，非宗教信仰可通过各种意识形态来追求信仰目标，达成人的精神指标，如道德信仰、政治信仰、哲学信仰、法律信仰、科学信仰、伦理信仰等。非宗教信仰不以宗教姿态出现却达于人类所创造的价值理性的所有类型的意识形态，这个系列可能比宗教信仰更有前景，在整个信仰系统中占据越来越主流的地位。

世上暂且不能也没有统一的信仰模式供全世界共同信仰，但必须日渐走向多元和融通。而为什么人类的信仰千差万别？答案就是人的现实存在是一种有距离的存在，信仰表明了一种对事实（理）的真实和心灵（态度）的真实的距离关系分割规定，个体对生存的距离关系的分割决定了对于信仰的追求不同。原初的信仰往往是对自然事实的信仰，一般来自直接的存在，与物质世界的直接"照面"。但是信仰的发展史表明，信仰不是与物理世界处于相同本体论地位的某种实实在在的东西，如果说现实生活是实存的，那么信仰实际上具有与现实的距离关系动力分割的性质，是对现实的多级间接存在，这种信仰的真实未必就有对应的"直接存在物"存在。对于这样的信仰应该更注重在主体的精神层面与生活的关系动力层面上界定，更强调把"信仰"界定为特殊的"符合论"的意义。

一个合理的、好的信仰应在生活中实现"真、善、美""三态"符合统一。黑格尔曾指出，人"在事物上面刻下他自己生活的烙印"，① 这样，人作为信仰的动力主体，意味着人文社会领域中的信仰研究区别于和复杂于自然科学，首先就在于其研究的对象不是一般的自然事实，而是有人的

① 《朱光潜全集》（第10卷），安徽教育出版社，1987，第224~225页。

目的和活动参与其中的，是基于人的生活的关系动力。因此，信仰的更深层的意义是人之为人的意义，这种意义性给予主体的是精神上的享受与超然。这些特性必然使信仰在人类社会发展中起着重要作用，并将在历史进程中发挥不可代替的作用，它的产生是人类发展史上的一大进步。

二　文化及其类别

文化，在中国传统意义上是与"无教化"的"质朴""野蛮"相对的，是指"以文教化"，即"以人文化成天下"之意。因此，文化一方面是基于人的生存而对人作出的规定；另一方面又是"人化"，就是人通过对自在、自为自然改造所形成的成果。这种从人之为人的意义上（即人的类本质上）对"文化"的界定，就在人与物、人的世界与自然世界进行区分的基础上实现了人的存在。

我国权威辞书《辞海》是把文化以广义和狭义之分来界定的。广义的文化指人类社会实践过程中所获得的物质、精神的生产能力和创造的物质、精神财富的总和。狭义的文化指精神生产能力，包括一切社会意识形式、自然科学、技术科学、社会意识形态。这里，广义的文化把人类的一切活动都纳入其范畴之内，是人类独特的生存方式。而狭义的文化主要指的是人类的精神生产能力，是人类的精神创造活动及其结果。从逻辑层次上讲，狭义文化从属于广义文化。

因而，文化的存在领域非常广泛，如认识的（语言、科学、哲学、教育）、规范的（道德、法律、信仰）、艺术的（文学、美术、音乐、舞蹈、戏剧）、器用的（生产工具、日用器皿）、社会的（制度、组织、风俗习惯等）、设施的（建筑及其技术等）。

关于文化的类别，一般分为物质文化、精神文化、制度文化和行为文化。物质文化是人类加工制造的生产、生活的各种器物，是人的物质生产生活及其产品的总和，它反映人与自然的关系，是人类利用和改造自然的能力。精神文化主要是人类创造的精神产品，包括人们的思想、价值观念、审美情趣、理想信念、思维方式等。制度文化是人类在社会实践中建立的社会组织和社会规范。行为文化是人类在社会实践和社会交往中约定俗成的习惯性定式和行为模式，具有鲜明的民族和地域特色。把文化从不

同的角度加以界定和分层,是为了更科学地分析和研究文化的一般理论和
实践。

三　什么是信仰文化?

人作为现实的生成物,其生存范式总是表现在自然的、社会的各种现
实关系的交互动力之中。信仰作为人类的独特的生存方式,在文化结构中
处在核心地位,是精神文化的主要内容,它与物质文化、制度文化、行为
文化相互影响、相互制约。信仰过程就是一个获取文化能量、使用文化能
量和转换文化能量的过程。这就意味着,文化作为人的生活方式和社会在
一个时期内的存在方式,具有保守、固化的一面,当这种趋势作用很强大
时,就形成了一种信仰文化过程。强调文化对信仰养成与发展的作用,意
味着信仰文化才是信仰养成的最有效驱动力。

因此,信仰文化是文化场中密度最大的一个奇点,是一种信仰与文化
的关系动力集成存在,集中体现着文化的特质,表现在人所创造的精神、
思想、心灵、制度和器物上,是人历史地凝结成的稳定的生存方式,它渗
透在人之生存的一切领域,深刻影响着每一个体的一切活动。如此,生存
经验的历史凝结以及特定时代、特定民族、特定地域所显现的自然生存条
件等有机地交织在一起,从而规定和塑造出生存于这一区域内的人,并由
此成为他们自发性、主流性的信仰文化模式。信仰文化模式一旦形成,它
必然稳定地、强势地甚至排异性地发生作用,并在很长时期内成为人的生
存常态,在这种模式中总是力图维持其惯常的思维方式和行为方式。因
此,信仰文化是人类或民族的世界观、人生观、价值观、思维方式、行为
方式等所构成的最深层的系统软件,是人类或一个民族的 DNA,是每一个
体的第二 DNA。只有当信仰文化遭遇一种更加强势或者说一种更适合人的
生存需要的生存方式之时,它才会被不断边缘化乃至最终消失。

信仰文化作为对个体的人和社会形成的根本性影响因素,除了以人的
一种自发的甚至未曾意识的文化模式存在外,更多的是以人的自觉的价值
追求和精神向往所建构的生存方式表现出来。这是信仰文化具有地域性、
风俗性、习惯性的根源。任何外来文化只能借助于原有的信仰文化来建构
和催生。这时,原有的信仰文化形态,包括内蕴着的社会心理、价值观

念、伦理规范就必然被自觉或不自觉地超越和更换。

变革民族、国家、个体的面貌，关键在于变革其信仰文化。当特定民族的某种主流信仰文化被代替后，对于一个特定民族来说，就是这个民族的文化转型。此时，其信仰文化核心无论在时空、内容还是在程度上都得到了充分而广泛的转换，意味着一种区别于原有文化特质的新的文化成为主流文化。因此，从某种意义上说，信仰文化转型并非仅仅由一种外来文化的强势所致，作为文化主体，即这一特定民族或群体的内在需求始终是构建新的信仰文化的根源性因素。

四　基于文化视角研究信仰问题的意义

从某种意义上来说，人总是隶属他所处的历史情境和文化传统的。狄尔泰说："单独的个人在他自身的个别存在中，是一个历史的存在者，他是由他在时间进程中的地位，在相互作用的文化体系和社会中的地位决定的。"① 实际上，信仰的价值首先表现为文化的积淀过程。历史学家、社会学家和文化人类学家越来越多地认识到信仰是一个与文化密切相关的独特活动。不同群体的文化存在很大差异，这种内隐的文化差异会导致信仰认同的差异。主流信仰的认同，能够为新时期多元文化并存的现实要求和社会治理危机提供有力的支持，而决定主流信仰的认同能否形成的实质还在于群体文化认同差异，其本身可以作为学术考察的对象，从而形成"信仰元勘"，进行信仰哲学、信仰史、信仰与社会、信仰与文化等方面的研究。

在开放的信仰文化面前，信仰的价值建构与社会文化有着不可分割的联系，甚至就是文化的一部分。当人们试图去理解、参与、拓展和建构信仰文化时，他必须先属于这种信仰文化。正是这种信仰文化形成了一个先在的主体文化认同结构。因此，建构是一个文化参与与认同的过程，建构者通过借助于一定的文化支持参与某个建构共同体的实践活动来内化有关的信仰价值。文化的形成因区域差异而有所不同，文化的差异形成的社会信息生态也是不同的。所以，在社会信息生态中，文化与主流信仰的认同是一个"求同"与"求异"相互促进和相互构建的过程。

---

① 《狄尔泰全集》第7卷，1958，德文版，第153页。

社会的发展使信仰文化价值的成效越来越改变原来自给自足的特征，就是它可以把不同的距离关系文化元素集中到一起，因此，实现信仰文化价值的过程就是信仰和其他各种社会文化交流的过程。在这个构建过程之中，主流信仰的认同以社会文化认同为基础，特别是在群体偏见和群体刻板印象的研究中主流信仰的社会文化认同的作用不容忽视。

在文化生态环境中，主体面对的是非单一的信仰文化形态，又由于其本身的思维特征与文化品质使在信仰价值的实现过程中镶嵌着实效与失效两种运行机制，增加了信仰文化价值形成的关系不对易性，主流信仰文化导向风险加大。从这个意义上看，主流信仰文化的获得与提升应是以个体的自觉来代替强制而实现的。文化自觉，就是要对信仰文化的文化属性进行认识，更为注重文化因素在建构过程中的建构作用。

总之，文化性是人这一社会存在物的重要生存方式，代表着人类的独特的价值和方法；信仰作为人类世界客观存在的一种重要现象，是在文化的大背景下来实践的。一个文化或整个文化生态成熟与否，首先要看其信仰文化价值是否缺席、是否发育充分。从社会建构主义的视角来看，对信仰文化构建进行整体考察，把信仰看成一个亚社会，或一种社会亚文化。在这个亚社会中来考察各种因素的相互作用，注意文化认同的内涵，注重区域间、阶层间的文化认同研究和群体文化下的主流信仰的认同。信仰教育意味着把信仰教育视为在体制和社会文化框架内进行的人类社会活动，更为强调个体发展的社会文化背景，更为强调个体与社会文化的互动。新形势、背景下的信仰文化教育只能用无形的文化场来影响、疏导和激励。

第二节　信仰文化价值自觉

一　文化自觉与自觉的信仰文化

文化自觉是费孝通先生在对其学术研究深刻反思的基础上提出的一个重要命题，表达了一种对文化发展的理性认识，是对当今文化研究作出的深刻反思，是其晚年学术思想的结晶。它要求对文化有自知之明，明白其发展过程和规律，以增强文化适应社会发展的能力，完成文化转型的历史任务。它是人类对自身命运前途的理性认识和科学把握，反映了在经济全球化时代，世界各地多种文化接触所引起的人类心态的变化，具有重要的社会实践功能。也就是说，在实践中，文化自觉，作为主体的人对文化的理性态度和理性思维，表现为一种主动追求和自觉践行的担当精神，是对文化发展的深度领会与整体把握，可使文化主体自主自觉地推动文化转型。同时，在理论研究中，可使文化研究者形成对文化的理性思维和理性态度。因此，文化自觉是文化理论自觉和文化实践自觉的有机统一。

从文化发展的一般进程和规律来讲，文化都要由自在的文化向自觉的文化转化，或者说都要经过自在、自为的文化和自觉的文化两个发展阶段。信仰文化必然涉及自在、自为的信仰文化与自觉的信仰文化的关系问题。所谓自在、自为的信仰文化，是指以传统、习俗、经验、常识、天然情感等自在、自为的因素，构成人的自在、自为的存在方式或活动图式。而所谓自觉的信仰文化，则是指集中体现在科学、艺术、哲学等精神领域中以自觉的知识或自觉的思维方式为背景的人的自觉的存在方式或活动图式。自在、自为的信仰文化主要来源于人在长期的生存实践中积淀起来的经验常识、道德戒律、风俗习惯、宗教礼仪，它是一种常态化、模式化的文化精神或者人类知识，它以群体的认同方式显现其力量所在。人的生存首先是一种自在、自为性生存，人总是在现有的常态性、常识性的自在、自为性文化氛围中确立自己的生存图式。

文化所具有的自在、自为性表明了文化对于生存于其中的个体的生存方式具有强制性和给定性，它对于规范个体、协调社会、延续传统具有重要作用。从某种意义上说，区别自在、自为的信仰文化和自觉的信仰文化，更多地依据文化的表现方式和作用机制。作为人的类本质对象化或人的本质活动的对象化，无论是自在、自为的信仰文化还是自觉的信仰文化，归根到底都是人在现实的生存活动中不断对象化的结果，都是人化的结果。然而，人在本质上就是不断超越已有的生存范式并不断追求完善的存在物。自在、自为的信仰文化与人的自由自觉活动，即人的创造性的、开放的生存方式是不相一致的。自觉的信仰文化一方面不断打破自在、自为的信仰文化对人的束缚和封闭，引领人不断寻求更适合人的生存范式，不断超越已有的文化模式，推进信仰文化的构建和进步；另一方面，自觉的信仰文化作为一定时期内人在实践中的自由创造和自由向往，对人所遇问题的阐释或者生存范式的超越就成为必然趋势。

文化体系具有整体系统性、层次结构性和普遍相互作用性等基本特征，并且整个体系的层次结构还与人类实践的层次结构具有同构性关系。这意味着自觉的信仰文化所蕴含的超越性和创造性是相对于原有文化（即人的已有生存方式）而言的，它的超越和创新也必然表现为一个永恒发展的过程。

所以，信仰文化的发展并不完全是自觉的信仰文化与自在、自为的信仰文化的矛盾的必然结果，更是自觉的信仰文化所蕴含的反思品格及其未来愿景与建构不断引领自在、自为的信仰文化发展，从而使整个信仰文化不断融入新思维和新内容。由此也可以看出，自觉的信仰文化要对人类所面对的世界整体及其各个领域予以全息性透视，通过这个透视，将从自身性质和规范的尺度上对世界整体及其各个领域作出相应的解释。

二　信仰文化价值实效与失效控制

信仰造就了从未来到现在的距离关系动力，为现在到未来实现目标而奋斗。在大市场冲击的经济形势下，合理的信仰选择及其实效成为主体满足并实现其社会性需要的有效载体，体现出深层次的社会保障与引领文明方向的社会功能。

因为信仰文化是一个距离分层、文化群落，所以任何信仰文化都是一大距离性存在，如此，个体所占有的距离的量和质总是不足的，理想的信仰距离关系必须与主体有一定的距离关系差异。因此，信仰文化的价值实效应具有一种距离关系的强作用，或者说，信仰文化价值实效就是为了获得更大的距离关系。它首先体现为主体都可以通过自己的努力将未来与现在紧密联系起来，就是发挥差别最大、联系最紧的作用。

信仰文化的价值有个体成效和群体成效。信仰文化群体价值是以群体的生活获得与积累为根据，它是既往信仰文化群距离关系动力发展的结果，也是此后群体的距离关系发展的起点。作为群体形式的价值其实是通过信仰文化群体中的社会个体形式来实现的，因而作为群体中的社会个体形式的价值就作为构成群体整体的信仰价值发展的一个环节推动着社会主流信仰文化价值的整体发展。这样，社会个体形式的信仰文化价值集成是在社会群体既有信仰文化环境中实现的，就不再重复它赖以形成的积累、发展过程。既往的信仰结构单位的关系动力形成一定的信仰关系，在这样的动力制约下信仰文化每向前发展就达到一个新的阶段，也即社会主流信仰文化所达到的高度推动着社会个体信仰文化的发展，两者交互作用推动了信仰文化价值集成的社会个体形式与群体形式的更为内在的统一。

信仰文化作为物质生产和精神建设的保障，具有双重价值，同时还具有连接功能。它的价值往往更多的是一种精神方面的体验，而不是简单的物质方面欲求，它强调的是对理想的追求，是一种"谋道不谋食"的境界。就信仰文化价值的精神性而言，一般有三种表现，分别是终极性、动力性和意义性。这种价值性是任何物质满足都代替不了的，一旦失去了这种价值性，人必然陷入空虚、无助境地，甚至会产生马斯洛所说的"超越性病态"。这表明，信仰文化价值是一个"实效"与"失效"相互促进和相互构建的过程。也就是说，信仰文化价值自觉即通过对信仰文化价值的失效控制使信仰文化价值实效更加合理。

实际上，信仰文化价值自觉的发展促进信仰文化价值的失效控制的实现，也就是说，信仰文化价值自觉的发展可以促使更深刻、更全面地理解生活条件，使信仰文化价值的失效控制追求更加合理。同时，信仰文化价值失效控制的实现又推动信仰文化价值自觉的发展。具体说，信仰文化价值自觉和信仰文化价值的失效控制存在相互制约、相互引导的辩证关系。相互制约表现在以下两方面：一方面，信仰文化价值的失效控制的实现有赖于对相关信仰文化价值自觉的把握，信仰文化价值自觉的发展水平制约着信仰文化价值的失效控制实现的程度；另一方面，信仰文化价值自觉在实践中被验证的过程，则有赖于信仰文化价值的失效控制在实践中被实现的状况。相互引导表现在以下两方面：一方面，实现信仰文化价值的失效控制是追求信仰文化价值自觉的目的，满足需要的信仰文化价值的失效控制追求引导着相关信仰文化价值自觉，所以主流信仰文化导向是受信仰文化价值的失效控制追求的指向规定的；另一方面，信仰文化价值自觉的不断发展也引导着进一步提出新的信仰文化价值的失效控制目标。也就是说，在哪个领域中获得的信仰文化价值自觉越多，就会在哪个领域提出更多的信仰文化价值的失效控制目标。

总之，对信仰文化价值的失效控制越自觉、越合理，表明信仰文化价值的实现越全面、越深刻。

三　信仰文化价值失效控制的距离逻辑

信仰文化的价值实现是一个动态、复杂、变化着的过程，有着多元生成通道。

通过对信仰文化结构的考察，信仰文化价值由"三角色（价值主体、价值中介和价值客体）变项"构成。在分析信仰文化价值的动力关系中，最终都会落实到价值主体、价值客体与价值中介这"三元关系"动力上。每一元的存在都是一个有距离的存在，各元素单元的距离关系存在相互独立的一面，可能的相互关系的构成及其边界不是固定不变的。一个关于信仰文化的适合生活的最有效的角色要素和原则在"三元关系"动力层面上表现为"距离阻隔与弥合"，即对"三元关系"（SOI）动力的掌握与控制。而主体客观上（如性别、年龄、民族、种族等）无法与其保持在一定域中的统一，同样，对信仰文化价值实现的任何长远战略、细节、决策与执行都不可能没有失效的，也即信仰文化价值处于或自然的或人为的失效状态。

信仰文化构建过程是有序的，因此它必定是对客观世界的一种"距离格式化"。这种"格式化"的意义是控制各个对象的距离关系，从而使信仰文化的价值失效控制基于一种距离关系的强作用，通过距离分割合理调控信仰文化距离关系形成的压力。因为在一个不受外界压力作用的封闭信仰文化环境中，主体将保持原有的信仰文化惯性守恒状态。而从主体与所占有的信仰文化之间的距离关系来看，信仰文化价值实效就是差别最大、联系最紧的作用。如果这种作用与主体没有一定的距离关系，或者是那样远隔，或者如果失掉这种辩证优势，就越表现出建构与失效控制的模糊性，对其观念往往是微弱和不完全的。

研究信仰文化价值实现的"距离关系网络"与"动力域"的主要任务是研究其中的距离逻辑。在距离逻辑中，距离中介使用的"接近性"意味着信仰文化价值失效控制就表现为促成主体弥合价值网络中的距离差异，也即在个体占有的信仰文化距离关系不足的时候，距离中介维系和推动了信仰文化关系的不自觉发展。以距离中介为核心来建构信仰文化的距离逻辑认为，距离是信仰文化实效性的基础。承受信仰太重或太轻，信仰关系动力位势太强或太弱，都明显制约信仰文化价值失效控制。

在信仰文化价值网络构建中，社会主体的接受倾向受所处的社会文化因素影响。或者说，距离与事物之间有着分明而清晰的界限，不在一个层次上的人很难有共同的信仰文化交流。这种信仰文化等位面上的距离阻隔使主体之间变得越来越难以相互理解：在物理距离上近在咫尺，但在心理距离上十分遥远。信仰文化距离关系的弥合可以让人看到未来与现在的巨大差别可以通过努力联系起来。因此，信仰文化的价值是跨距离走向接触。而建构与失效控制总是要与距离保持一种辩证关系才会接近建构与失效控制客体。其中，对距离中介的选择起到重要的角色传递和协调作用，它在信仰文化价值结构中的主客体互动关系发生过程中有重要意义。

抽象地加以考虑，从时间距离逻辑的角度理解信仰文化构建过程，它需要借助于时间的逻辑划分来建构它的清晰的动力结构，这个"时间距离逻辑"在建构与失效控制进程的宏观或微观秩序结构中都影响显著。在信仰文化构建过程中无论是用过去时态还是将来时态，都是违反主体生活经验的自然进程，而信仰文化建构与失效控制从来不跳到与之远隔的其他对象上，总要检视所经历的一系列距离中介。每一个具体的信仰文化实际上都是一个主体居于其中的有关距离中介的选择与操作。这里，距离中介既是信仰文化构建过程的障碍也是支撑，它的使用有利于这种观念的进程不受到阻碍。在距离中介的参照下对时态的掌握较容易地顺着时间的接续方式考虑任何已成过去的对象而不容易进到它的将来或进到紧随其后的对象中，而当转向一个时间序列中的对象时，时态的使用就顺着时间之流移动，相对地降低了所谓信仰文化构建过程的难度，削弱了距离阻隔因素在信仰文化构建过程中时态运用所导致的不对称及其风险。因此，必须考虑时间和时间距离都居于其中，周而复始地建构与失效控制和重建的社会和自然现实中何以更接近信仰文化本身。

信仰文化教育在价值失效控制中要善于在差别很大的现象及问题中找到内在的联系和统一。在教育中，教育中介手段的应用可以将受教育者的当下信仰起点与差别巨大的目标意识联系起来，其中信仰文化教育方法创新的关键在于主体间的平等、沟通。因为在教育主客体关系被理解为有距离中介的平等关系时，信仰文化价值的中心既在主体又在客体。这样，在教育内容与方法设计上，只有尊重主体，调动主体接受教育的主动性和积极性，教育者才能从一个控制者、支配者转变为一个真诚的对话者，在"关系动力"的推动下实现由"我被"到"我要"距离弥合的动力。

因此，信仰与文化生态的畅通循环是信仰文化价值的实效性的重要标志。一定的信仰文化价值通过它对"文化"与"生活"距离关系动力的占有，它们的关系动力格局沿着多级距离中介逐次一圈一圈地由内向外推演，决定信仰文化的一般内容分布情况，而且直接地经文化心理乃至体制化反映在信仰文化的距离、关系动力网络中。因此，信仰文化价值失效控制在于更深刻、更全面地理解生活条件和特定社会历史条件下的人的身体的需求及其组织结构维度。自觉找到社会信仰文化与科学发展、社会进步之间的内在距离关系，建立起信仰文化与生活世界的广泛联系，拓宽信仰文化价值的对话语境。这意味着信仰文化价值实现于主体生存的"文化"与"生活"的一个距离关系作用的动力学过程。比如，在信仰文化中关于真、善、美的关系就建立于对"文化"与"生活"距离关系活动的动力逻辑之上。在这个过程中，既涉及信仰文化的原型、相似性、本质属性，也涉及信仰动作的结合规则、样例等。所以，信仰文化价值实效集成的离始关系不是一次完成的，要通过距离分割合理调控信仰文化距离关系形成的动力，即距离差异关系的弥合，并且可以在未来与现在的巨大差别中，通过努力联系起来，体现了一种发展机制。

主流信仰文化构建过程就是为了获得更大的距离关系占有量。事物的发展是有序无序混杂的，信仰文化的距离阻隔意味着在这个信仰文化中有许多隐含着差异、对立等意图的或停留在真实的或心理空间中的论题及以其来建构与失效控制的一种有序性。同时，主流信仰文化导向的纵深发展会导致和将来的应用之间的距离关系越来越远，如果没有强大的距离及关系动力激励，使处于自由状态下的社会个体信仰文化知识信息与动作无序的路径最短、联系最紧密，在信仰文化构建过程中，宏大信仰文化的教育就会面临困难。因此，在信仰文化的价值导向进程中，主流信仰文化价值失效控制要求在信仰文化教育过程中把不同学科的知识内容连在一起，形成一种包含大距离、大的文化知识信息梯度，能激励主体大的情感势，从而产生强大心理动力的存在，情感势与意识流发生非线性、非平衡作用。这就决定了主流信仰文化导向及其价值实效不是一劳永逸的。

　　总之，距离关系分割与关系动力状况有着一定意义上的等价性。对信仰文化构建中距离逻辑的模糊、无距离中介使用，或时态的不当运用，对于信仰文化构建内容来说只是堆砌在一起的一个无序建筑，它对信仰文化的接受、传达来说作用微乎其微，它至多只把握住了信仰文化的某个片刻、现象。这时，在信仰文化构建过程中，其价值失效控制总有机会和偶然因素。主流信仰文化失效控制过程需要尽可能以更少的成本获取更多的关系动力。其中所内含的大距离关系及其动力存在本质，决定了信仰文化对主体的占有存在一个距离分割及其关系动力问题。

第三节　生态信仰与生态文明

一　生态信仰问题提出的背景

　　古往今来，无论是东方还是西方，很多哲学家、思想家都提出节制的概念。节制就是将欲望控制在一定范围内，由于人的欲望总是不断膨胀的，如果不加以节制，整个社会便会成为人类满足自己欲望的战场，引发各种冲突。人只有知足才能常乐，人的生活就应遵循适度原则。人类的社会活动中，有许多的环节需要人作出选择，能做的就是始终以适度为基本原则，掌握中和之道，对万事万物不过于贪婪，老子就说过："祸莫大于不知足，咎莫大于欲得。"贪婪的人的欲望总是无限的，在追逐欲望的同时，又不断地产生出新的欲望，最终掉入欲望的深渊。即便这些欲望都得到了满足，势必会有更高的欲望，永远没有终点。

　　现代社会是一个制造欲望而不是满足人的基本需要的社会，人的身体一天天成为欲望的奴隶。欲望背后是诱惑，人们在各种诱惑面前疲于奔命，苦恼不堪，感受到的是无尽的生存与生活压力。一方面，科学技术迅速发展，经济日益繁荣，文化日益多元，社会面目日新月异；另一方面，人类文明成为无本之木和无源之水，在短暂的繁荣之后面临枯萎，干涸与枯燥的文化、单调乏味的文明、变态和异化的人性，这就是"异化了的信仰"的弊端。不能否认，急功近利确实重要。它不仅证明着拥有者的才干与实力，也是人自我价值的体现。追求急功近利又会失去什么呢？那又有什么发展可言？现代人类需要从根本上综合治理的不仅是自然生态，还有"心灵生态"。如果急功近利是以牺牲自然、心灵、健康甚至生命为代价，急功近利又有什么意义？

一个民族的生命力，不仅需要 GDP，更需要合理的信仰的支撑。信仰即信上仰止。信指可相信、可依赖。仰指仰望、崇拜、敬畏。信仰是人的心灵被某种主张或说教或现象或神秘力量所震撼从而在意识中自动建立起来的一套人生价值体系。

在现代文明应有的知识性高度上，要理智地觉知"信仰"的本义，还要回到作为信仰之本体根据的"生态"本身。生态意指地球生物圈的生存状态及演化趋势等。树立生态信仰，正确把握人性，塑造完善人格，恢复人类的无上尊严和无比自信，在这个过程中，人们证明了自身的存在，确认了自身的力量，并由此在内心中获得一种对自己的肯定，形成一种满足感与幸福感。至此，社会发展不再是肤浅的占有物质的急功近利或者是一种消极的享受，更多的是从生态价值创造过程中找到对存在与信仰的本源性占有。因此，只有这样的发展才是持久的、稳定的、不易消失的。

二 生态信仰的内涵

如果对信仰作一个最宏观、最横断的分类，可分为人本信仰与生态信仰。前者是信仰的"上层建筑"，后者是信仰的"经济基础"。在信仰文化的光谱中它们各司其职，其要素水平和耦合方式决定生态信仰程度。人类是万物之灵，人类的自由意志和精神信仰是人类文明的原动力和凝聚力，也是人类伦理道德的出发点和归结点（制高点），是人类区别于动物的特征，否则就会失去人的尊严和品格（人格）。

生态信仰首先是差异化个体之间的一种自觉的心理体验。人类的真实的心理体验，在于生态所赐予、所赋予我们整个身心的一切感受——作为人、成为人的丰富的感性、知性和灵性的感受是信仰感的最真切的基础和根据，它表达的是现代人对于自身生存与生活方式的新的生态觉悟和伦理自觉。正如有研究者所说："生态信仰是现代人类为应对生态危机产生的一种价值观念，不是对自然无知的膜拜，而是对生态价值观的虔诚，对优良生态系统的盼望。"①

从人类学、文化与伦理学意义上看，生态信仰是人本性之所在，无论在时间上还是在空间上都具有普遍性，它是在人与生态的各种关系中融入和谐共生的理念，把尊重生命、共存共生、可持续发展、环境保护等融入人的终极关怀，是现代人的基础性生存尺度和生活信仰。

生态信仰的重要目标在于将生态价值内化于主体心中。一方面，信仰的生成和获得一定是关涉生态的。真正意义上的信仰是对现代人生存方式、生活目的、"生态智慧"、"生态价值"的体认和实际践履，有信仰地生存和生活，意味着一种关系动力的整体性生态人格的养成。另一方面，人类真正意义上的信仰感和信仰体验，最终是以生态关系动力的整体性为总体性尺度的。在现实生活中，个体的幸福感不能脱离生态价值的创造与满足而存在，个体通过创造生态价值实现生态信仰，当个体创造的生态价值对他人、对社会有着积极的作用的时候，必然提高了自身的生态信仰水平。从这个意义上讲，树立一个正确的信仰观，并不断积极地从事价值创造，是实现生态文明的保证。

生态信仰的本质在于对人的规定与教化，它具有保守固化和超越革新的双重特性。生态信仰的培育和践行可以启动中国信仰的力量，可以实现我们的人与自然的生态安全，可以使片面富裕中国、两极分化中国到达共富中国。生态信仰对于现代社会的个体来说不是一个遥不可及的"神话"。"生态信仰"是关于自然与社会、文化和人性的"整合"，呼吁现代社会人们在获取和占有问题上的"生态权利"以及相应的"生态公平"原则的确立和实现。

因此，它的本质要求，不仅涉及对天人关系的认知、感悟和"道法自然"的精神境界和发展理念，而且涉及促进人与生态和谐共荣的伦理道德规范、行为规范和社会生态适应，在发展观上融入生态思维、生态理念

---

① 冯光耀：《生态文明建设中的生态非理性向度》，《甘肃理论学刊》2011 年第 4 期。

等。正如有研究者认为："进行生态文明教育就是通过普及生态学的基本知识，让生态伦理道德深入人心，形成稳定的生态信仰，体现在维护生态平衡的行动中。"① 而从个体的人来说，要"培育生态人格，养成生态思维、形成生态信仰和生态价值观，并在日常生活中践行生态理念"。②

三　生态信仰：我国生态文明的逻辑与现实出场

生态文明是人类文明发展的新阶段，是全部人类文明的集大成者。在生态文明理念的指导下，生态建设实践日益活跃。我国进入 21 世纪之后，随着科学发展观和社会主义和谐社会理论以及"中国梦"的提出，生态文明成为中国社会全面发展的重要目标。

从人类的社会历史发展进程来看，生态文明包括人类在与自然交往过程中，为适应自然环境，维护生态平衡，改善生态环境，满足人类物质文化与精神文化需求的一切活动与成果。它包括生态哲学、生态伦理、生态美学、信仰观念，以及思维方式、生产方式、生活方式、行为方式、文化载体和生态制度等。作为一种全新的文明，在不同社会形态以及同一社会形态中，它又有着深刻的内涵和丰富的外延，涉及生态信仰、生态教育、生态科学、生态文化、生态经济、生态技术、生态产业、生态消费、生态法治、生态安全等方面。③ 从而，生态文明赋予社会发展以科学理性和生命活力，既维护了生态的崇高和神圣，又保证了人的理性与感性需要，必将引起传统的急功近利观、发展观以及信仰观的彻底转换与变革，"生态信仰"由此获得出场的必然逻辑。

生态文明视域下，生态文明的认知与实践逻辑要求从实体中心论的思维范式（即人类或自然是中心）走向关系动力论的思维范式，即认为人与生态的关系经历了"以自然为中心"到"以人为中心"两个发展阶段后，正开始进入"人与生态和谐共处"的第三个阶段。这种和谐共处的关系动力逻辑的核心是人类与自然万物同源共祖，人类与自然万物是亲密的共同

---

① 蓝楠：《思想政治教育视野下公民意识教育研究》，中国地质大学硕士学位论文，2012。
② 卿倩萍：《大学生生态人格培育研究》，广西师范大学硕士学位论文，2012。
③ 曾正德：《历代中央领导集体对建设中国特色社会主义生态文明的探索》，《南京林业大学学报》（人文社会科学版）2007 年第 4 期。

体，人类与自然都不是世界的中心，真正的中心是一种超越和凌驾于人类和自然之上的"关系动力"，其具体化是以生态信仰为中心，将人类和自然界共同视为一个在地球生物圈中不可分割的关系动力体。

在这种关系动力体的构建中，生态信仰应该是其体系构建不可代替的核心内容。因为精神信仰是人类文明的基本特征，是人类文化的思想灵魂，是人类文明的核心宗旨。生态文明作为一种理念，其根本特征与核心灵魂就是生态信仰。生态信仰是生态文明社会的思想基础，没有生态信仰的生态文明是不存在的，也是没有意义的。就当今生存和生活的主体来看，就生存理性对信仰本身思考和探索的价值逻辑而言，"生态信仰"话题的彰显本身，纠正了与天斗、与地斗的偏差，赋予"人本信仰"以无穷的生命力，有其独有的价值观，是生态文明理论自觉探索的核心。

从信仰文化价值实效性来看，内容与形式丰富多彩的生态信仰是社会全面发展的重要内容，是长久的而非短命的。如果我国社会发展缺少"生态"的维度，必定是残缺不全的，是非完型意义的、浅表层面的发展。唯有生态信仰普遍化于动态的、开放的文明传统结构中，并在现实中存在和延续下去，才算是在生态文明光照下，按照关系动力渗透的方式，遵循整体主义的逻辑，进行"制度变革"，放弃局部主义和个体主义，模筑生态发展的共同关系动力体。

作为一种思想形态，生态信仰既可以是主体也可能成为客体，我国的生态文明建设要求将生态信仰观内化于主体心中，即把生态文明作为世界观和价值观的要素，将公共生态利益的诉求放在核心地位，让人们有一份超越世俗利益冲突的内在需求。必须从与自然对立、仅仅把自然理解为"人的对象化"客体和"对象性存在"转变为"自然的人化"与"人的自然化"（即人作为自然存在物的自在、自为性和给定性回归）的统一上。这就从人作为"种"的持续存在的视角自觉地建构起一种人与生态之间的新的规范。

当前，我国工业与城镇化的深入发展破坏了自然生态平衡，也破坏了传统的思想信仰体系，导致普遍的生态危机和严重的信仰危机。所以，生态信仰作为信仰发展的新阶段，作为生态文明时代的主流信仰，是"绿色信仰"与"红色信仰"相统一的"整体信仰"。只有建立在生态信仰上的经济发展，才是真正的发展。环境依然一点一点地在被破坏，大自然也用实际行动报复着。原因是那种治标不治本的环境保护措施只能是局部改善、整体恶化甚至抱薪救火。如果不能标本兼治、内外双修，投入大量资金的生态保护工作会收效甚微，所谓的生态危机也无法从根本上解决，最根本的就是全民缺乏生态信仰，空有口号。没有深入灵魂的信仰，没有生态信仰和全面参与的生态保护是无效的，一切还是没有多少改变，而生态文明也很难名副其实。

总之，信仰是有层次和境界的。由于"城市化""工业化""现代化"的大规模推进，人类文明脱离了自然的怀抱，人类意志摆脱了宗教信仰的束缚，此时，生态文明下的生态信仰克服了传统宗教信仰的"迷信误区"，克服了人类思想的僵化，继承了农业文明的生态信仰和工业文明的科学信仰，继往开来，推陈出新，关涉到人类与其生存环境的永续存在和发展本身。

广义的生态信仰是一个从生活到政治、从个体到社会化与从感性到制度的规律与战略的过程。狭义的生态信仰指人与生态和谐发展、共存共荣的生态意识、价值取向和社会适应。

在生态危机日益加深的背景下，生态文明已由理论形态走向实践形态。生态信仰问题的提出，是对生态文明的深化和补充。不仅如此，生态信仰的研究还能在理性与非理性、科学主义论与人本主义论之间保持一种"张力"，有效地消解二者之间的对立与冲突。在生态文明的整体视域下，从我国生态文明的理念与实践出发，生态信仰价值的实效是促进社会全面发展的重要途径。

第四节　生态信仰与社会信仰文化价值实效

一　生态文明与社会信仰文化价值实效

从社会信仰文化价值的实效性的现状分析来看，社会信仰文化价值的实效性在全面遭遇"非意识形态化"思潮时，出现了一系列富于挑战性的问题和情势。比如，以物质文化为中心的信仰诱使一部分社会主体在生活方式、消费方式、价值观念等方面与社会主流信仰文化难以产生共鸣，难以对话、沟通。网络世界使我们的生活超越了地理、时间、对象等的限制，带来的是一种新生存观、价值观。然而，网络世界中的多元异质社会信仰文化增强了对社会主流信仰文化价值框架的冲击与干扰。从而，社会主体个性社会信仰文化的无序、非社会主流、另类信仰、有神论等"过犹不及"的发展导致社会主流信仰文化的混乱。社会信仰文化的情感关注不应与理性之间存在根深蒂固的势不两立。

对社会信仰文化构建的社会实践导向与科学发展的关系动力逻辑的背离，导致社会主流信仰文化价值的失效，也是社会主流信仰文化导向成效不好的根源。因为在社会主流信仰文化构建导向实践中，社会被视为"可以脱离社会生态环境影响而独立存在、自成系统的存在物"，是"社会信仰文化价值形成的唯一的变量"，对社会信仰文化价值有重要影响的家庭、社区以及其他社会活动空间与社会信仰文化价值的社会主流思想不协调，甚至发生冲突。

社会与社会的信息畅通循环是社会信仰文化价值的实效性的重要标志。然而，现实中，社会信仰文化的信息生态与社会生态环境信息缺乏有效的交流，没有形成互动，导致社会与社会生态及生活的脱节，从而出现了社会信仰文化价值信息不能与社会生态及生活环境进行有效交流的现象，导致社会信仰文化的社会价值实效链的人为断裂。

总之，社会主流信仰文化价值失效的主要原因是社会信息生态环境、教育价值导向、内容与方法方面都存在一定程度上的导向失效，影响社会信仰文化价值的实效性与针对性。

在社会信仰文化活动中，社会主体的接受倾向受社会文化因素影响。其价值观和生活态度的距离影响着社会主体现实的和长远的、隐性的意识形成，还代表一种特殊的关于世界的观点，培植着一种社会信仰文化世界和生活哲学，建构着文化。如果教育创新必须建立在管理者环境及价值导向与社会发展之间距离关系弥合基础之上，那么，社会信仰文化构建应自觉找到社会信仰文化与科学发展、社会进步之间的内在距离关系，将社会信仰文化视作与其毫不相干，也影响着主体的社会文化价值整体的提高，影响着社会信仰文化价值实现的实效。

因此，需要积极消解社会信仰文化价值导向中的话语霸权以及宏大叙事，让社会主体能够获取对社会信仰文化评价和自身道德行为的解释权限，建立起社会信仰文化价值与生活世界的广泛联系，拓宽社会信仰文化价值的对话语境。这种没有远离社会主体日常生活的社会信仰文化价值话语才能为处于现实生活世界之中的社会主体所理解和接受，才更利于社会主体的自我理解与反思。

实际上，人们非常重视社会信仰文化价值的政治功能，忽视了社会主体健康成长和自我完善的需要，而只有不游离于生活世界之外才能避免社会主流信仰文化价值失效。这意味着受教育者本身对教育内容获取的积极性对教育的实效性有很大影响，社会信仰文化构建更多地依靠教育对象自身对教育内容的评价和认同。社会主体角色不到位，没有认识到自身作为社会信仰文化价值的主体的自觉地位与自觉需求，致使当前我国社会主体对社会信仰文化构建不感兴趣，社会主流信仰文化导向机制失灵。而全球化的精神危机、信仰危机也在我国社会有相当程度的折射。

社会信仰文化价值实效性是一个发挥"关系动力"的过程。因为信仰是心灵的产物，信仰不能直接改变结果，主要还是播下正信的种子。感召助缘成熟，时空机缘相合，因缘相生。因此，在生态文明视域下，社会信仰文化价值表现为生态价值，基于生态文明的社会主流信仰文化价值导向自觉是信仰文化价值实效性不可或缺的"中介"，更是实现我国社会主流信仰文化价值导向自觉从宏观领域不断向生活的微观领域拓展、渗透的重要中介。这意味着，社会信仰文化的生态价值的导向应是我国社会主体的生活世界语境与形成共同信仰关系动力的黏合基础，以及社会主体的社会信仰文化价值形成和发展的客观基础。然而，当前，我国社会发展中的生态价值没有得到应有的重视，导致生态信仰价值导向力量的弱化，纵容了社会主体对物欲、功利主义和工具价值的追求，使社会主体成了忙碌的物质逐利者，突出表现为降低了学生德育的效果，使社会主体价值世界"沙漠化"。同时，信仰教育的社会主流信仰文化导向存在一定程度上的浮躁、焦虑和困惑。正如有专家指出的，"对工具理性的过于强调导致对价值理性的忽视，从而使读书求学沦为满足个人欲望的工具，甚至只是进阶的垫脚石。极端功利主义使得校园不再宁静，而是陷入于喧嚣和浮躁"。①

因此，我国社会信仰文化价值实效客观要求建构社会主体的以生态文明为导向的关系动力语境和表达形式，重构社会信仰文化与社会生态的整体关系的良性互动和对话。对话是一种能使"双方很快达到视野的融合，在融合中相互扩大眼界，使精神生活进入新的和更高的层次"的交谈为生成机制的价值实效。这种交谈"破除了形而上学'二元对立'的思维模式，拆除了表象与真实、感性与理性、物质与精神、有限与无限……之间的'边界'"，有利于形成"丰富的精神生活"。②

二　以生态信仰的价值导向构建社会信仰文化

生态信仰作为世界观和价值观的要素，是社会信仰文化的实践自觉的方向和动力。在生态与信仰文化价值的互动过程中，在社会信仰文化价值话语创新与转换中，它以自身的特点孕育和改变着社会信仰文化价值，理应成为一种高层次、高境界、形态合理的社会主流信仰文化构建范式。

社会信仰文化的价值由于社会信息生态环境、教育价值导向、内容与方法等方面存在的制约因素而存在一定程度上的价值失效，影响了社会信仰文化价值的针对性与实效性。社会信仰文化只有具有较强的包容性时才能提高在多元文化时代下的存在价值和对社会主体的吸引力、认知与实践的支撑能力、知识贡献能力和学习服务能力。社会信仰文化价值的实效与失效辩证意味着在这个过程中价值观和生活态度的距离影响着社会主体现实的和长远的、隐性的意识形成，还代表一种特殊的关于世界的观点，培植着一种信仰文化和生活哲学，直接关系民族的性格、精神、意识、思想、语言和气质。

我们现在的社会信仰文化是急功近利的。虽然在这个时代，一切以急功近利为导向的观念还未占据主流，但可以看到它不断发展的趋势，比如，社会中的大多数人把急功近利与个人价值等同，他们在急功近利中实现自己的价值。支配社会中人和事的更多的是单纯物欲和急功近利，政治

---

① 纪宝成：《功利主义让校园陷于喧嚣和浮躁》，《中国教育报》2010年12月6日第2版。

② 滕守尧：《文化的边缘》，作家出版社，1997，第1~2页。

遭遇边缘化，也可以说，政治浸染了经济的色彩。于是，社会信仰文化更多地体现了单纯物欲和急功近利。当然，"任何动物都有自己的利益，任何动物都是为了自己的利益而应当行动。只不过这种利益以动物本能的形式表现出来"。我们不能简单地仅仅从人的生存利益出发确定人的应当行为，混淆了人与动物的根本界限，把人的道德存在和道德生活贬低为一种动物式的存在和一种动物式的生活，这显然是人作为"类"的存在物以及生命的共同体利益，而不仅仅是个体的或某一群体的人的利益。

实际上，我们对于急功近利的认知出现了转变，而中国人也比以往任何时候都急功近利。人们在社会上的地位、身份都可以在所掌握的资源上得到最为清晰的注解，急功近利的人所得到的社会认可和尊重也使他们感觉良好，甚至拥有比常人多得多的现实利益。利益作为人存续和生存的需求，是人与人关系的纽带，既有人作为存在而在伦理上所体现出的自在、自为性一面，又有人作为社会性存在而在伦理上呈现超越性的一面，人作为"种"的存续发展是人所面临的根本问题，追求更好的生存应该是人的最高利益。

人生是有限的，为了这一利益，很多的道理超越普通人的感知能力，用语言在人们整体知识积累不够的情况下讲出来，所以，我们信仰的某些东西，作为"活着"的价值设定，这就昭示着以生态信仰为价值导向构建社会信仰文化的必然性，从而构成了现代人的生存方式，即构建社会信仰文化的现实动力。

以生态信仰的价值导向构建社会信仰文化要求个体与社会在生存方式上融入生态思维和生态理念，并在生存意义上确立生态价值观。这建基于对工业伦理的非生态性的反思，是一种信仰自觉，是人为了追求更为完善和全面的发展而产生的人化需求与利益驱动所致。在作用路径上，它要实现信仰自在、自为的自觉化，以信仰自觉的反思品格与愿景建构引领伦理发展，从而使整个伦理不断融入生态思维和生态内容。一方面，表现为信仰自觉不断地从以往的自在、自为伦理中寻求生态资源；另一方面，则表现为信仰的自在、自为化不断地转化为自在、自为自觉。这无论是对一个社会、一个国家，还是对一个个体而言，都一定是一个整体过程。应以生态信仰的认知与实践为宗旨，用和谐、友好、共赢的关系来建构人的生存方式，改变人与人、人与生态的对立状况，使个体从一种自我的、利己的、单向的满足向和谐、完善的多向度发展转型与升级。这种意义上的信仰的获得，一定是以作为整体的社会生态环境的不断改善为直接前提。

社会发展必须以合理的信仰文化为导向，这意味着以生态信仰为主体内容及基础的主流话语应在其中具有核心支撑功能，是社会信仰文化传播生态群落中的恒等元（如在群集中的"恒等元"）。恒等元与任一话语元素作用等于该元素，即每个社会主体都能得到主流话语的支持，从而社会发展获得更为稳固的信仰文化基础。也就是说，多元信仰文化的差异互相尊重不等于彼此隔离，不合起来就永远不可能互相接受，社会信仰文化的构建自觉需要坚持民主性、自主性的原则。所以，社会信仰文化应从生态信仰中吸收丰富的社会资源，形成全方位、多层次、多角度的社会主流信仰文化失效控制体系。

社会信仰文化价值实效性与针对性是一个发挥主体"关系动力"的过程，因为社会信仰文化价值实效是一个由多种关系动力作用的系统，其中，社会主体是一个非常活跃的关系动力要素。如果将生态信仰视为与主体需求毫不相干，那么社会信仰文化价值整体的提高就会失效。因此，要充分地理解社会主体、尊重社会主体，满足社会主体多样性、多元化的合理要求。所以，应以社会生活优位为动力实现社会主体生态信仰价值实效。社会大众的生活实践自觉是社会信仰文化发展的主导性力量，社会信仰文化的实践自觉的主要任务是用社会信仰文化的科学理念和价值观，增强社会大众在生活中的生态保护意识和生态环境建设的积极性与主动性，促使人民群众深刻认识到生态保护和建设的重要性，使社会信仰文化成为规范社会大众生活方式、生产方式和思维方式的重要原则，激励群众积极投身于社会信仰文化的实践自觉，形成保护环境的强大的社会力量。

在这个过程中，生态信仰教育决定了它是主流信仰文化价值失效控制与实效性的一个不可忽视的重要方面、关键条件。在社会信仰文化教育中开展生态信仰教育有助于从社会主体的生存性、社会性、超越性三个层面上体现出其信仰文化价值的三重意境，提升了社会主体价值创造的认知水平与实践能力和对生态文明价值体系的认同；实现在维护健康、高雅、文明、上进社会信仰文化主旋律的前提下多元生态信仰的和谐，体现出多样性的相互包容、协调；体现了信仰文化价值的精髓，代表着生态文明视域下信仰文化教育的整体精神风貌和内在品质，形成具有社会文化气质、价值追求和群体意识的核心精神支持，促进社会主体对主流信仰文化价值的认同和自觉，是生态信仰价值的核心关系动力支撑，是实现社会信仰文化价值实效的突破口。

总之，信仰过程就是一个获取文化能量、使用文化能量和转换文化能量的过程。强调文化对信仰养成与发展的作用，意味着合理的信仰文化才是社会发展的最有效驱动。在生态文明视域下，如果社会发展缺少了"生态信仰"的维度，必定是残缺不全的、非完型意义的、浅表层面的发展。当前，以生态信仰价值实效为核心的社会信仰文化建设的新型的、复杂的关系网络已经出现。这不仅要求发挥管理者的主导作用、凸显家庭的协同功能、加强和完善社会文化的信息生态功能，更为关键的是构建一种与社会、政府、家庭普遍价值背景关联的动力机制。

第六章　生态信仰文化及其价值实效

第一节　生态信仰文化构建及其
价值实效的距离逻辑

一　生态信仰文化构建的背景

工业文明中的非生态性，相当程度上就在于它极力塑造了一种匮乏感，人们为了满足这种匮乏感而向自然界索取，从而使作为处于社会关系之中的存在，在资本的驱动之下，"产品过剩"。于是，为了这种索取，在观念上把自然与人分隔开来并使之独立化、孤立化。技术在其中扮演了重要角色，技术的祛魅功效在工业文明尤其是现代工业文明中得到了极大的彰显。它向自然提出蛮横的要求，要求自然提供本身能够被开发和贮藏的能量。

在工业文明下，现代工业文化是在"促逼"意义上摆置了自然。人将自身视为一有机生命力比附于整个宇宙，再对这种被寄予的生命力进行顶礼膜拜，从而实现自我崇拜的信仰文化，形成了以人为中心、本位的信仰。人本位的信仰，把人自己与自然对立，人也把人与人对立，个体以一种自我中心的方式显现在社会之中，个体与个体之外的关系仅仅被理解为一种实现自利（即个人意义实现）的手段和工具。最显著的特点是功利主义主宰下的原子主义、个人主义及主客二分思想。人之生存的应该维度——自然与人的和谐、共荣之关系，最终成为对人之反动。

众所周知，文化结构作为社会结构的重要组成部分，是社会的精神层面，其重要作用不可小视。人们所处的社会背景及其文化体验在人们的建构过程中发挥着不可替代的作用。而从本体论意义上讲，文化作为人的稳定的生存方式，必然对个体的人和群体的社会产生深刻影响，并成为这个时代中每一个体和所有群体活动当中内在的、机理性的、深层次的因素。因此，人们在反思生态危机产生的根源时，深刻地认识到人类文化发展出现的问题，实质上是一种文化危机。

美国文化人类学家克罗伯在1952年发表的《文化：一个概念定义的考评》中指出："文化存在各种内隐和外显的模式之中……文化的基本要素是传统（通过历史衍生和自由选择得到的）思想观念和价值，其中尤其以价值观最为重要。"也正如袁贵仁所说："文化的最深层次是价值观。一切文化的不同，最根本的是价值观的不同。"① 也就是说，思想观念和价值是文化的特质。从更广阔的视域来看，当理想主义暂时失落、功利主义到处泛滥时，信仰文化可以散发巨大的文化功能。

人类文化的两大主题是人与自然，科学文化是求真，而人文文化是求善，这两种文化都不能单独保证其发展基础的正确，即人文可以作为科学的导向，科学为人文奠基。实际上，只要仔细地观察便能发现，人类在当代面临的各种全球性危机问题都具有综合性质，这些问题的出现在一定意义上是由科学技术广泛应用于社会所引起的。在一定意义上，科学文化与人文文化价值观的分离，导致人与自然环境的关系日趋紧张。

生态信仰文化要求确立人的对象性存在的本质，人的本位性被人与生态的和谐关系所替代，这在某种意义上是一种对自然崇拜的智慧"回归"。从根源意义上说，强调自然的信仰，仅仅从自然的角度抽象出自然价值论、自然主体论、共同体论等，其思维方式是通过提高自然地位以证明人与生态的平等还没有达到生态信仰文化的维度。构建生态信仰文化的长期性和艰巨性，决定了必须追问构建生态信仰文化的根源。只有对根源进行反思，才能对这一构建的合理性进行追问。

正如信仰问题不是宗教问题，这里所指的生态信仰文化与神学、宗教文化不是等同的。生态信仰文化以天人和谐、社会发展、人类生态利益最大化、人类幸福最普遍为最高的衡量标准，体现了人类共同的核心价值观，体现了人类生态利益的最大化。它整合了生态文化与信仰文化、当代

---

① 袁贵仁：《关于价值与文化问题》，《河北学刊》2005年第1期。

文化与古代文化、西方文化与东方文化的精髓，适应全球化的发展趋势，熔世界优秀文化传统于一炉，能够彻底体现和高扬全球生态伦理精神。这种新文化会造就出热爱自然、热爱世界、热爱和平、热爱人类的新人类，创造和谐统一、全球一体化的新世界，是以生态文明为宗旨的"生命文化""生态文化""和合文化""共利文化""大成文化"，它的提出和发展正是解决生态危机的文化选择。

总之，生态发展成为一个国家具有战略意义的发展的重要组成部分，失去生态维度的发展必定会给越来越紧张的生态安全带来负面影响。人文文化显示了人性的尊严和价值，而科学文化的兴起可以弥补人文文化对自然研究不足的缺陷，生态信仰文化则充分认识到这种关于人与自然和谐发展的思想，正确运用自然规律，在发展过程中不断修复自然乃至生态环境，实现了科学文化与人文文化的融合。

二 生态信仰文化的价值自觉

"人类社会的发展从低级到高级、从无序到有序，是文明进步的结果，也是社会发展的必然趋势。用先进文化监督和引导人们的言行，是社会发展的理想境界。"①

生态信仰文化，是人与环境和谐相处的宝贵财富。建构生态信仰文化能够有效解决当前人类在社会发展中遇到的危机，最终实现人与自然的和谐和人类社会的可持续发展。但是这种对未来美好的预计绝不是承认历史是一种铁律和宿命，而是必须依赖主体的能动创造和自觉正确的选择。

从文化学意义上讲，可以把生态信仰文化分为自在的生态信仰文化和自觉的生态信仰文化。自在的生态信仰文化表现在不同的文化载体上，如以历史意识、精神价值、潜意识、集体无意识等形式自发地存在，人们只能模糊地认识其作用。自觉的生态信仰文化是指以自觉的理性思维方式为背景的生态信仰文化，它不是自发存在的，而是通过传承、理论和系统化的科学研究，有意识、有目的地引导和规范着人们的行为。它主要是以生态信仰文化精神的生产活动作为载体和表现形态，比如生态哲学、生态艺

---

① 卢艳玲：《绿色发展视域下的绿色文化构建》，《洛阳师范学院学报》2013 年第 1 期。

术、生态旅游、生态运动、生态伦理学、生态教育学等，实现"对己有自
知之明、对人有知人之智、对自然有尊重之情、对生命有敬畏之心"的
"天理人情"。人因此获得"灵"与"肉"之双重存在，"身"与"心"之
全面发展，进而形成一种发自内心的、自然而然的、无比虔诚的"生态信
仰文化"，人由此将获得一种在这绿色星球上诗意地栖居以至安身立命的
生存智慧。①

　　生态信仰文化作为一种新的文化类型，它也要遵循文化发展的规律。
费孝通的文化自觉思想，是文化学研究中包含丰富内涵的理论体系，具有
重要的认识价值和实践价值。也就是说，生态信仰文化价值实效经历了从
自在、自发到自觉的演进过程，即生态信仰文化价值实效就是由自在的生
态信仰文化向自觉的生态信仰文化的发展。

　　借鉴费孝通的文化自觉论，可以对生态信仰文化价值自觉的内涵加以
概括和论述。从概念上讲，生态信仰文化价值自觉是个复合概念，它是生
态信仰文化与文化（包括信仰文化、生态文化）研究和文化自觉理论的结
合，是生态信仰文化与文化研究中的一个新范畴，是文化自觉论在生态信
仰文化与文化研究领域的运用和发展，由文化自觉的概念延伸而来。因
此，生态信仰文化价值自觉是人们对生态信仰文化与文化的发展过程、性
质功能、科学价值、未来发展的理性认识和科学把握，以此为基础形成主
体的文化信念和准则，人们自觉地意识到这种信念和准则，积极主动地付
诸实践，在文化上表现出一种自觉践行和主动追求的理性态度。具体来
说，沿着文化自觉的理路，生态信仰文化价值自觉的内涵主要包括以下几
方面的内容。

　　第一，自觉把握生态信仰文化与文化的关系动力逻辑。生态信仰文化
与文化所关涉的是人与自然和谐发展的关系。科学总结生态信仰文化与文
化的发展历程，是生态信仰文化价值自觉的前提和基础。在人类社会长期
发展过程中，东西方都形成了较有特色的生态信仰文化与文化的思想和实
践。在现代生态危机中孕育成长起来的现代科学的生态信仰文化与文化是
生态信仰文化与文化发展的新阶段。

————————————

① 孙大伟：《生态危机的第三维反思》，北京林业大学硕士学位论文，2009。

第二，自觉探讨生态信仰文化在生态文明建设中的功能。要建设和谐社会，实现人与自然的和谐共处，就要对生态文明的核心——生态信仰文化与文化在现代社会发展中的作用有清楚理性的认识。积极主动地在社会实践中推进生态信仰文化建设，使生态信仰文化成为生态文明时代的主流信仰文化，这就需要对生态信仰文化的优缺点以及如何在理论上构建生态信仰文化有科学理性的认识，以达到对生态信仰文化的理论自觉，这是生态信仰文化价值自觉的核心。没有功能认识上的自觉，就很难在社会实践中践行生态信仰文化。

第三，价值的理性自觉。人创造了文化，文化塑造了人，人的活动的本质是一种文化活动。生态信仰文化作为一种新的文化类型，要达到对其一定程度的自觉，要求人们对生态信仰文化自觉进行文化价值选择，要求人们自觉地把生态信仰文化价值建立在理性的基础上。理性是人所具有的有目的、有意识、自觉的主观认知活动，是人们认识事物本质和规律的逻辑思维能力。理性态度是使文化变革健康发展的一个前提。因此，生态信仰文化价值自觉表现为社会主体的文化价值选择和建构过程中的一种理性取向。所以，社会主体生态信仰文化理性自觉、对文化采取的理性态度决定着社会信仰文化价值实效的方向和前途。

三　生态信仰文化价值实效的距离逻辑

不同群体的存在有很大差异，比如，心理的和社会的关系距离差异。这种内隐的距离差异会导致甚至加大主流信仰文化认同的差异。其实认同本身就是一个"求同"与"求异"相互促进和相互构建的过程，所以，信仰文化构建把"距离"看做沟通的屏障来控制、消解。主流信仰文化价值失范与失效控制总是要与距离保持一种辩证优势，正视信仰文化构建与距离的角色定位及其影响，才会有利于主动发现距离中的差异，才会接近信仰文化本身。

因此，生态信仰文化总是一种距离关系存在。距离逻辑的有效应用可以促使各相关动力要素全面协调、合理互动，实现有机多元动力组合，形成良好的关系动力过程。生态信仰文化构建意味着要形成一种相对封闭的距离关系，标记生态信仰文化构建展开的有界性、收敛性与限定性等特征。

当把生态信仰文化构建看做生态、信仰与文化"三元关系"动力传递活动时，其着眼点在于生态信仰文化构建对主体的动态的到达过程，也即强调生态信仰文化构建的位移过程，其中既包括客体距离，也包括主体及中介距离，这里注重的是对主体、客体与中介"三元关系"动力的掌控，使生态、信仰与文化"三元关系"动力系统的进化与其保持均衡发展，实现最大化地接近生态信仰文化本身。

信仰与文化的关系动力格局沿着多级距离中介逐次一圈一圈地由内向外推演，决定信仰文化的一般内容分布和情况，而且直接地经文化心理乃至体制化反映在信仰文化的社会文化环境上。在这个环境的社会文化关系网络中，社会文化生态不是一个随意的结构，而是由"群"关系联系组成的具有主流意识和目标的系统。根据数学群原理，生态信仰文化应在社会文化群中具有支持功能，应是群中的恒等元，即在一个比较规范的群结构中，生态信仰文化价值集成应是纵贯融合性的、跨距离的，要处于这个距离关系网络的顶端，规定和引导着这个社会文化群的发展。如此，社会文化环境形成强烈的归属感和向心力。

在多元文化下，没有一种文化不希望起到更大的作用。因此，在信仰文化关系网络中，都希望获得最终的、统一的信仰或者试图达到只有一个或主流的信仰文化，生态信仰文化应是信仰文化群中的恒等元，规定和引导着信仰文化价值的发展。实际上，任何文化生态都不是一个随意的结构，而是一种文化集成态。其中，任何一种文化不受外界影响是不可能的。多元文化、各地的文化都是应该存在的，不同距离关系下的文化客观上存在和谐竞争，正如元素在群中的要求（集合的要求）都不能是相同的一样。这样，个性化和对称性保证了群结构具有紧密的联系，大势所趋或"势"得其反。

从实践的距离逻辑来看，距离让人与事物之间有着分明而清晰的界限，如果一个对象与人们是那样远隔，或者如果失掉这种辩证优势，越表现出建构的模糊性，对其的观念往往是微弱和不完全的。在社会文化关系网络中，信仰文化等位面上的距离阻隔要求信仰文化的价值是跨距离走向接触，而建构总是要与距离保持一种辩证关系才会接近建构客体。而承受信仰太重或太轻，社会个体信仰关系动力位势太强或太弱，都明显制约信仰文化价值实效。因此，在一个不受外界压力作用的封闭信仰文化环境中，主体将保持原有的信仰文化惯性守恒状态。

在主流信仰文化的价值导向进程中，所内含的大距离关系及其动力存在本质，决定了信仰文化对主体的占有存在一个距离分割与距离关系动力问题。理想的信仰距离关系必须与主体有一定的距离关系，信仰文化距离关系的弥合可以让人看到未来与现在的巨大差别可以通过努力联系起来，发生情感势与意识流的非线性非平衡作用。所以，生态信仰文化的价值实效应具有一种距离关系的强作用，通过距离分割合理调控信仰文化距离关系形成的压力。

这样，生态信仰文化价值的实效就是差别最大、联系最紧的作用，要把"生态优位"作为主流信仰文化建构的始点。在信仰文化价值的实效中，生态位势要求将每一位主体作为独特的生命个体来对待，正视并尊重主体的心理世界和内在需要。从距离逻辑来看，这种社会主流生态信仰文化的失效控制就是每一位主体都能接受适合他们个性特点和需求的、健康成长的、促使他们自我发展的生态信仰文化节点。这样就要从主体的需求出发，收集、分析信息，"点对点"，在针对性、普遍性中表现差异。在全然开放的社会信息生态系统中，主体间性的实现在于对彼此信息的建构，建构的基础便是对社会生活的共同体验。因此，要寻求社会生活规范与个体需要的距离关系以及对话渠道，找到适合每一位主体的生态信仰文化价值的实效性位。

第二节　社会信仰文化与生态信仰文化价值实效

一切信仰文化又都是与价值相联系的，价值的一个重要体现就是"化人"。信仰文化是历史地凝结成的、自发地左右人的各种活动的稳定的生存方式，它是由人创造的，同时也塑造着人。社会处在多元文化价值关系动力之中，生态信仰文化是通过什么方式来"化人"的，生态信仰文化价值要把人"化"向何处，是正面的"教化"还是对人性的"异化"，非常有必要进行生态信仰文化价值实效的相关策略研究。

一 增强生态信仰文化与社会主流信仰文化的契合性

生态信仰文化构建的实效表现为社会主体头脑中产生的事实与客体之间的一种接近度，是一种有中介的距离存在，或者说生态信仰文化构建要把"距离"看做沟通的屏障来控制、消解。因为生态信仰文化导向的纵深发展会与将来的应用之间的距离关系越来越远，如果没有强大的动力激励，那么，在生态信仰文化价值实现过程中，就不容易在差别很大的现象及问题中找到内在的联系和统一，使处于自由状态下的个体信仰文化知识信息与整体距离的分割的有序化路径最短、联系最紧密，形成强烈的归属感和向心力。

"距离"作为一种逻辑的威力，已经影响话语传播活动过程，成为传播的客观环境。信仰文化的距离阻隔意味着不在一个层次上的人很难有共同的信仰文化交流，变得越来越难以相互理解。在距离逻辑下，距离关系分割遵循数学群原理。信仰文化价值实现于恒等元功能的距离分割。所以，生态信仰文化应在社会主流信仰文化话语中具有支持功能，应是话语群落中的恒等元，也即成为话语传播中的社会主流信仰文化。从生态信仰文化所获得的其适应社会主流信仰文化话语形式的样态（即二者的契合性）来看，从其信息的质与量上讲，客观上会发生三种情况：一是保持原社会主流信仰文化的质与量；二是社会主流信仰文化在传播中经过多重传播中介使生态信仰文化具有更大的现实意义和价值，使生态信仰文化具有更丰富的内容和更有效的形式，从而发展了社会主流信仰文化；三是与第二种情形恰恰相反，使社会主流信仰文化的层次降低、价值受损，社会主流信仰文化流失。因此，增强生态信仰文化与社会主流信仰文化的契合性，就要在一个比较规范的信仰文化群结构中，社会主流信仰文化规定和引导着社会文化的发展，生态信仰文化要处于社会主流信仰文化距离关系网络的顶端，生态信仰文化价值实效体现的是其作为社会主流信仰文化的价值最大化实现。

二 强化对社会主流信仰文化认同的信息生态接受倾向

主流信仰的认同摆脱不了文化的束缚，文化的影响最直接改变的是文化的信息生态。信息生态是一个复杂的总体，包括知识、信仰、艺术、道德、法律、风俗等信息的创制、传播与实现。这个总体通过文化传统根植于社会信息之中，时刻以一种客观的存在来改变和塑造着社会信仰文化。

社会主流信仰文化价值最终积淀为社会主体的精神结构。因此，社会主流信仰文化的目的、计划以及内容等都应该积极探索适合社会主体的信息接受倾向。这里，社会主流信仰文化与社会信息生态的契合是与社会文化信息网络进行双向互动的沟通，主流信仰文化认同的信息生态意义就在于互动过程中形成的信息认同。认同的核心问题又在于不同社会主体群体的文化差异及其造成的社会主体群体文化认同差异的确认与平衡，而社会主体群体文化的信息生态差异是社会主体群体文化认同中的主要内容。这恰恰说明了社会信仰文化价值实效是通过信息生态的中介作用实现的。

当前，社会主流信仰文化建构是被置于一个宏大的多元信仰文化传播的信息生态环境背景下，在这个宏大背景下是信息流的富集关系，其中的信息是动态的、全方位的。任何信仰文化都是一距离性存在，是一个距离分层、文化群落。不同信仰文化下的生活行为方式、价值观念、文化习俗和人生追求差异很大。信仰文化建构首先是接受倾向信息的同化过程，接受倾向信息作为一种信息指向决定了的主体直接的心理反应。从社会信仰文化价值的实效性的结构来看，接受倾向信息是社会信仰文化价值的实效性源头。

这里的关键问题在于社会主流信仰文化认同的信息接受倾向。制约信仰文化价值实效性的关键因素在于敏感关系，比如，在社会主流信仰文化建构过程中，社会主体是信仰文化建构非常活跃的一极。当主客体关系被理解为有距离中介的平等关系时，信仰文化的中心既在社会主体又在客体，也即社会主体是敏感关系，即每一个具体的信仰文化的实效都是一个社会主体居于其中的有关"文化认同"的选择与操作。

影响对我国社会主流信仰文化认同的信息接受倾向的原因是什么呢？概括来说是社会主流信仰文化本身在传播上的信息生态特性。在我国社会主流信仰文化的传播中，一定意义上存在话语霸权与操纵。社会主流信仰文化的意义和价值，只在于对自己有用，只在于自己的理解，只在于自己的选择。从而，不少社会主体并不相信主流信仰文化传播的真诚性，对生态信仰文化话语中存在的社会主流信仰文化存有一定程度的怀疑、否定。生态信仰文化的存在变得越来越短暂、越来越不稳定。如此，社会主流信仰文化在实用论上获得了"新生"，成了一个又一个有用的瞬间存在：有用时，它就存在；不用它时，社会主流信仰文化就被另一个所谓的"有用的"所代替。这将会导致一定意义上的信仰危机，使人感到茫然、浮躁、无知。此时，生态信仰文化的崇高感、优越感大为减弱，反而会体味出一种荒诞感来。

因此，生态信仰文化认同与各种因素息息相关，与各种领域同生共构和相互依存，尤其是同信息生态部分。生态信仰文化建构过程及其接受倾向信息要与开放的社会信仰文化信息生态系统相协调，与社会主体的生活、生存与生态环境之间保持和谐，促使生态信仰文化价值朝着动态平衡的目标发展。

三　增强生态信仰文化话语的信息创制

社会信仰文化不是一个随意的结构，而是由"群"关系联系组成的具有社会主流信仰文化主体意识和目标的系统，社会主体的接受倾向信息构成这个系统展开的中介环节。

应当说，当前，传播来源广泛，可以比较、选择的信息很多。于是，对宏大话语的不信任与困惑也反映在了对生态信仰文化话语形态的否定上，影响人们对于生态信仰文化话语的认同，影响话语传播过程中基本的信任。生态信仰文化话语的效果来自双主体的中介传播转换。大量事实表明，话语传播过程中的信任感现在比过去的任何时候都明显。对宏大话语的信任度不是很高，恰恰说明更要坚持社会主流信仰文化话语的信息创制的符合本质，希望宏大话语的运行与发展更好地遵循和拓展信仰文化的符合本质。另外，之所以还信任宏大话语，是因为生态信仰文化话语提供了、生成了、检验了真实的信息，成为人的全面发展和社会全面进步的现实力量。

实际上，社会主体是一个不断与外界进行动态作用的、变化发展的存在，信息生态是联系社会主体与外部环境系统的中介存在。信息生态的价值是因人而异的，面对同样的社会信仰文化环境，或经历同样的文化事件，不同的社会信仰信息生态所诱发的心理反应具有不同的特点，信息的接受也更依赖社会主体的自觉能动性。在社会主流信仰文化价值网络建构下，要化解、应对消极社会主流信仰文化信息生态，积极开展有效的生态信仰文化话语的信息创制和心理咨询活动，给予在生态信仰文化上有困惑的社会主体以帮助、启发和引导。让社会主体充分认识到生态信仰文化中的真善美和假恶丑，形成较强的生活是非评判能力，使社会主体真正成为自我发展和自我完善的生态信仰文化价值主体。

在这个过程中，我国的理论工作者要勇于承担生态信仰文化话语创制的责任。具体来说，要探寻历史和现实的有关生态信仰文化的诸种思想和精神资源以及可能支持它们的各种信仰体系、世界观和自然观，借鉴当代各种形式和内容的生态、信仰与文化理论，在研究中将历史与现实结合、实证与思辨结合，沟通自然科学与人文社会科学，在多学科交叉互动和多角度观察分析的基础上综合创新，致力于探讨适合中国国情的、能为最大多数人接受的生态信仰文化的各种理论要素，加强生态信仰文化的基础研究，建构有中国气派的生态信仰文化体系。同时，又紧密结合理论与应用，使理论面对现实问题的挑战，认真学习、宣传我国政府有关生态环境保护和建设的法律和文献，从思想上提高生态环境保护意识。积极承担我国实行科学发展、建设和谐社会的历史使命。对于政府来说，要对"生态信仰文化"的理论研究和应用研究给予大力支持。要在各级各类科研和教研项目中设立专项课题给予专款资助。要通过召开专家咨询会、研讨会、成果交流会和出版研究专著、论文集等方式对"生态信仰文化"的研究成果进行交流。大力支持深入开展环境国情、国策的调查研究与教育宣传，引导、营造良好的信息生态。

四 不良社会信仰文化信息传播生态的优化

社会信仰文化环境在一个人的人生健康成长过程中处于一个非常特殊与重要的位置。它应是科学与人文理性相结合，积极向上的多元文化观共生，与消极颓废不相容。不可否认，社会的多元化导致社会信仰文化的信息生态存在一定程度的信息污染，不健康的信息充斥。在不良社会信仰文化信息演进中，对各种不良甚至有害社会信仰文化信息的觉察不敏锐，对其发展、演化的方向把握出现偏差，导致不能"见微知著"，任由这些信息蔓延就会形成社会信仰文化信息污染，就会对社会主体的社会主流信仰文化产生干扰，甚至引起动荡。

事物的发展是有序无序混杂的，社会信仰文化的话语传播过程应当是有序的，因此它必定是对话语信息的一种"距离格式化"传播。这种"格式化"的意义是控制各个对象的距离关系，从而实现经由许多隐含着差异、对立等意图或停留在真实的或心理空间中的论题及利用这些论题来建构一种有序性。社会主体对信息选择的过分主观化、功利化、无序化，弱化了对积极、健康的信仰文化追求的热情，导致社会主流信仰文化的价值失效。

因此，要通过研究社会信仰文化信息传播特征，减少不良社会信仰文化信息的负面影响，优化信息传播生态，也即根据社会生态环境变化、社会文化变化趋势特点以及社会主体的社会信仰文化品质形成发展规律，以及对社会信仰文化心理、行为的目的性、方向性的预见方式，化解社会信仰文化矛盾于萌芽之中，从而有效防范和应对可能的社会信仰文化非常态、消极变化趋势，坚持主流、向上、积极、昂扬的社会信仰文化信息传播生态。

正如语言是交往的工具，也是界限，对信仰文化认同的操作反过来也塑造了对特定信仰文化的社会主体群体认同。因此，生态信仰文化是对传统信仰文化的变革，通过话语传播培养与发展生态信仰文化，传播方法创新的关键在于社会主体间的平等、沟通。在话语传播内容与方法设计上，尊重社会主体，调动他们接受的主动性和积极性。要求传播者从一个控制者、支配者转变为一个真诚的对话者，实现与增强社会主体由"我被"到"我要"的话语认同。尤其是面对消极信仰文化的社会主体，应给予特别的、有针对性的扶助，如非社会主流信仰文化群体，信仰不当宗教、信仰有神论的社会主体，他们为维护自己的信仰对社会主流信仰文化建构存在一种戒备心理，会使他们处理不好正常的社会交往关系，不能通过正常的方法和手段实现社会信仰信息的交流、沟通，这严重影响了正常的交往和生活，更有甚者会背离主流道德准则，这是实现社会信仰文化价值面对的问题。从生态信仰文化的价值实效要求来说，社会媒体应以灵活多样的形式宣传科学与人文理性，积极向上，不断输入、更新大量基于生活的多样性特征的生态信仰文化信息。还可集中举办以生态信仰文化为主题的活动，编写、排演健康的话剧、小品，还可以利用板报、橱窗、漫画等媒介营造积极、昂扬的文化环境，增强生态信仰文化价值实效。促使这些社会主体自我识别、自我转变，鼓励他们多参加有益的文化活动，分散对非主流、非常态社会信仰文化的过度关注，这个过程是一个针对性强甚至专业化要求很高的信息生态优化过程。

当前，网络成为社会信仰文化环境的重要组成部分，各种信仰文化形态不可避免地在网络中汇集、交换，放大了各种信息传播的效果，直接影响社会信仰文化的各个环节，直接参与塑造、改造信息传播对象。生态信仰文化构建的特性决定它可以形成一种包含大距离的文化知识信息梯度。所以，要通过网络媒介来增强生态信仰文化的吸引力和渗透性与实效性，激励社会主体大的情感势，从而产生强大心理动力。

实际上，随着信息时代的来临，各种媒介信息层出不穷，对社会信仰文化价值实效产生重要影响。社会主体是信息时代新媒介的主体，应大力开展社会主体的媒介素养教育，培养社会主体批判性地接受媒介信息的能力、独立思考的能力。

总之，我国生态问题还迟迟不能根本好转与人们的生态信仰文化缺失有直接的关系。近年来，我国城乡居民的生态意识、环保观念日益增强，参与生态治理、环境保护的积极性明显提高，不断实现生态信仰文化价值实效必将促进生态文明建设的进程。

第三节　生态信仰文化教育及其价值实效的动力机制

一　生态信仰文化教育

教育是生态信仰文化最有效的传播途径，是一切生态道德与伦理形成的最有效方法。在一定意义上，人类最大的危机不是政治危机、经济危机、社会危机，而是教育危机，任何危机都能在教育中找到其根源。

在中国，社会信仰文化教育危机显得尤为突出，这突出表现为教育价值危机。生态信仰文化价值实效是对教育价值危机的积极回应，围绕着生态及生态信仰文化这一神圣主题，生态信仰文化将人的生态发展构筑在信仰与文化的互动逻辑上。

生态信仰文化教育有广义与狭义之分。广义上的生态信仰文化教育主要表现在社会文化活动过程中渗透生态情愫，通过体认内化做到"学、思、知、行"结合。狭义上，指在教育中使知识学习与生态涵养和世界观、人生观、价值观相互贯通。正如有研究者认为的，"只有当生态忧患意识和生态自然观上升到世界观、人生观和价值观层面，才能有坚定的生态信仰"。[①]

生态信仰文化教育具有多重特性，它是一种体验性、发展性、过程性、和谐性、基础性、立体性、渗透性的教育。生态性、和谐性、实践性、整合性是实施生态信仰文化教育的基本原则。如有学者所言，生态信仰文化意识强调了在当下人类生存的观念行为中强化对生态性存在的信仰，以确立人们能够坚定不移地对自己的生存活动进行生态性转换。生态性信仰意识内蕴着对生命整体性和多样性的祈求与认同，在现实层面上表现为人们戒除欲望和功利，以求精神、灵魂的宁静与平衡。在未来性层面上，表现为在精神审美的快乐体验中期望那种自由和谐的生命境界。[②]

生态信仰文化教育有助于推进素质教育，是进行基础素质培养的前提。生态信仰文化教育的内容与全面发展教育在内容构成上具有直接的相关性，在基本理念上是一致的，是促进人和谐而全面发展的基本途径，也是人才和人格形成的基础教育。因为从人的发展的视角来看，信仰文化教育是以人存在的多维性为基石的、带有系统意义的教育理念，是提升人的主体性并回归本真的社会文化教育。生态信仰文化的价值在于唤起人们对人的生态的尊严、高尚和神圣的自觉，核心是理解人的有意识的生态活动。在某种意义上，它是让人从自发走向自觉、从非理性走向理性的人生教育，是通过关爱人的生态成长、激发生态价值从而惠及社会良性发展的

---

① 张秀玲：《思想政治教育的生态价值探究》，中共山东省委党校硕士学位论文，2011。
② 盖光：《论主客体的生态性结构》，《东岳论丛》2005 年第 6 期。

教育。它的深层底蕴深入人的生态理性、生存理性、生活理性中，丰富和发展了全面发展教育的基本内核，并在某种程度上体现了全面发展教育的时代特征。

从哲学的视域看，生态信仰文化教育体现了真善美的不同维度，是一个真善美的追求与实现的过程。真首先是一个存在或生存问题，善首先是一个伦理学问题，美首先是关涉如何生活的问题，即生态之真、生存之善、生活之美，有效地促进主体主动、积极、健康地发展生态，帮助受教育者理解人的生存活动的创造性和历史性，珍惜生态，感悟生态的美好，丰富生存知识。

当前，我国社会中一些人对非主流、另类倍加推崇，成了他们相当部分的人生信条、习惯。而信仰文化价值导向成功与否越来越关系到社会发展的质量。因此，生态信仰文化对我国社会主体人格的培养有重要意义，就如有研究者提出的，如果说生态思维促使人格达到"善"的境界，那么生态信仰的培育就是使人从"求真"到"至善"，最后到达"臻美"，最终实现真善美的统一。① 这决定着生态信仰文化教育就是要通过教育的力量，展现教育使社会主体成为"全人"的整个过程，超越了对社会主体进行简单的、孤立的生态安全、生态道德、生态责任、生态价值、生态正义等方面的教育，是新时期生态文明与和谐理念的全面体现，实现了信仰教育的长效育人机制，并推进管理者的深度改革。

二　生态信仰文化教育价值实效的距离逻辑

从距离逻辑的角度理解生态信仰文化教育的价值实效活动，宏大信仰的教育面临极大风险，它必须借助于距离逻辑划分来建构它的清晰的动力结构，这个"距离逻辑"在教育进程的宏观或微观秩序结构中都影响显著。比如，时间性体现距离逻辑中的顺序性、因果性和持续性，作为主体认知与实践框架，建构着客观世界变化发展进程和交往的尺度。

信仰文化建构从来不跳到与之远隔的其他对象上，而总要检视所经历的一系列时间距离中介，表现对具体主体来说建构的相对性、实效性差

---

① 卿倩萍：《大学生生态人格培育研究》，广西师范大学硕士学位论文，2012。

异。如此，社会信仰文化的价值实效不可能"毕其功于一役"。在一定程度上，在生态信仰文化教育的价值实效过程中，其教育实效总有机会和偶然因素。所以，从人生的信仰文化规划角度看，要求每个人的人生信仰文化规划、坚持与自觉的一步到位的期望是不现实的。其实在生态信仰文化教育的价值实效中，距离中介既是生态信仰文化教育的价值实效的障碍也是支撑。比如，时间距离中介在词汇层次上的表现，诸如以序列、期间、阶段、起源和发展等技术性术语来加以概念化，其中"时态"的运用表现了"距离"所发挥的重要的意义传递和协调的功能。

抽象地加以考虑，在生态信仰文化教育的价值实效中无论是用过去时态还是将来时态，都违反主体生活经验的自然进程。而对时态的掌握较容易地顺着时间的接续方式考虑任何已成过去的对象而不容易进到它的将来或进到紧随其后的对象中，当转向一个生活的时间序列中的对象时，生活距离中介的使用有利于这种观念的进程不受到阻碍。因此，在生活的距离中介的参照下时态的使用就顺着时间之流移动，相对地减少了所谓生态信仰文化教育的价值实效的困难，增强了距离因素在生态信仰文化教育价值实效中的作用。

生态信仰文化教育的价值实效实际上是一种具体教育情景下的普遍性，在各种学科知识中讲"大道理"的教育，一个具体的、针对个别的差异进行的描述、表达，包含不同特质的教育内容怎么能实现普遍性意义？可以接受的一个解释就是生态信仰文化总是在一定距离逻辑下的活动，网络中必然存在差异。这种差异也与具体实践有关，一定时代的历史实践本质上具有普遍性，在生态信仰文化的距离逻辑下形成结合过去和未来、今天以及空间距离的历史的、实践的过程中的差异和独特性。这里把理性自觉手段作为处理生态信仰文化的具体与普遍问题的方法是必要的，理性方法是以平等的规范性思想和论证的普遍推理原则为基础的。通过这样做，理性自觉把平等的规范性因素纳入生态信仰文化之中。

主流信仰文化教育导向的同质化问题实际上是与主体保持同一个距离，没有进行距离关系及其动力实现的合理分割，或者说没有认识到教育理论中距离关系逻辑的重要性。如果生态信仰文化教育是流水线的格式化生产，用唯一的距离关系去应对每一个人的状态，结果总是存在成本高而实效小。如果没有一个完善的关系动力理论实现对主体已有的信仰文化关系距离的无缝分割对接，根据不同的教育环节、不同的教育过程和不同的信仰文化层次营造距离关系，使每一主体都是群中的元素，生态信仰文化的价值实效实现于每一个具体主体身上，从而都能在局域化的时空点上感受到生态信仰文化的动力作用，不断实现距离差异化弥合，即不断地向发挥着恒等元功能的生态信仰文化本身逼近，那么，生态信仰文化价值实效就不能立即相互协同，从低级群向高级群发展。

总之，如果无距离中介或距离逻辑模糊，或时态运用不当，那么，超生活现实的生态信仰文化教育，对于教育的价值实效内容来说只是堆砌在一起的一个无序建筑。它对生态信仰文化的接受、传达和实效来说作用微乎其微，它至多只把握住生态信仰文化的某个片刻、现象。

三　生态信仰文化教育价值实效的关系动力机制

在社会中建构健康、积极、昂扬的生态信仰文化价值的实现机制是一个距离、关系动力逻辑的现实化过程。机制通常意味着一个系统内要素之间的作用过程和方式。动力机制是指推动系统运动所必需的动力发生学研究，以及维持和改善这种动力作用机理的各种关系、制度，它决定着系统运动的道路选择和发展策略选择。生态信仰文化系统关系动力运行机制是指各构成关系动力要素在系统机理下形成的因果联系和运转方式，它要研究生态信仰文化价值过程中各个侧面和层次的关系动力的整体性功能及其规律，关注整个生态信仰文化价值的实效性运行系统全部因子的综合作用。因此，生态信仰文化教育价值的动力机制可以理解为推动生态信仰文化可持续发展的系统力量，以及其相互作用的机理和方式，它发挥着为完成生态信仰文化教育价值目标而优化种类资源配置和完善其运行体制的调节作用。

影响生态信仰文化教育价值的因素和条件是多种多样的，概括来说，启动和运行生态信仰文化教育价值的主要动力机制可分为隐性机制和显性机制。隐性机制，首先表现为社会价值观方面的关系动力因素，它体现为社会信仰文化价值观念转变的驱动。

（一）社会价值观与生态信仰文化教育价值实效

教育价值是社会价值观的一个子系统，其发生和发展离不开人类社会价值观的影响。在一定意义上，生态信仰文化价值的创新动力深嵌于社会价值之中。

当前社会形成了重"器"轻"道"、重实重商、重术轻学和热衷实用主义的价值导向。在教育领域，包括在社会信仰文化中的强力渗透，使生态信仰文化及其创新受到了种种消极社会价值因素的限制，社会信仰文化的"高度"难以得到提升。主流信仰文化价值实效的集成要求主流信仰文化教育活动应是纵贯融合性的、跨学科跨距离的、在各种学科知识中讲"大道理"的教育。在教育中，教育手段的应用可以将受教育者的当下信仰起点与差别巨大的目标意识联系起来。

生态信仰文化教育价值一方面在于经济发展的现实需要的拉动，另一面也在于社会价值观思想观念、价值观的转变。因此，社会价值观隐性机制作用的有效发挥应培育一种生态信仰文化价值观，要树立"生态文明"的社会观、人才价值观，这才是信仰文化教育的科学内涵。但是，长期以来以"实用"、金钱、片面的增长率等作为甄别社会发展效果的手段。这样，在一定意义上，我国教育的一大问题就是功利主义、实用主义突出。社会信仰文化也摆脱不了这个主流的教育模式，本应是指向未来与非物质性特色的社会信仰文化往往被边缘化了，这无形中使社会信仰文化偏离了其本质要求，也加大了生态信仰文化价值的实现难度。而许多管理者，尤其是一些地方管理者往往重实务，而文化性、人文性薄弱甚至没有。

其实，合理的生态信仰文化结构是技术与文化、实与虚的结构的搭配，同时又有社会主体的实践自觉能力的提高。显然，社会价值观因素在我国生态信仰文化教育价值过程中潜移默化地起着持续的动力作用，社会价值观的力量是生态信仰文化发展的无形动力，它在某种意义上起的作用甚至有可能会超越地理、行政和经济的力量。

（二）生态信仰文化教育价值实效的实践自觉驱动

社会发展既要有一定的文化与人文性，又要有相当的实践经验结合，推行全面的教育理念，这意味着生态信仰文化教育价值必须坚持以实践自觉为取向。作为生态信仰文化教育价值的显性驱力，实践自觉对我国社会信仰文化价值实效有重要意义。

正如社会主体道德教育一样，"只重视和关注德育课程的设置和内容的确定，而对其教育效果则无人过问。无人过问德育中所传授和灌输的价值观念社会主体是否接受，更无人关注所传授和灌输的价值观念是否已转化为社会主体的内在的思想意识并体现于道德实践中"。[①] 所以，生态信仰文化教育价值知与行不能分割甚至对立，必须考虑其实践自觉性，即要自觉培养社会主体的实践自觉能力，着重培养生态信仰文化教育价值对建构社会信任、形成良性的社会发展生态的积极功能，以及对社会主体的创新意识、创新思维、创新能力培养的精神价值。

其中"生活优位"是实践自觉的价值导向。生态信仰文化的价值导向，就是在社会主体身上体现出生活世界的效应，使信仰教育不再成为社会主体的信仰"负担"，而是精神文化的增长需要，激发社会主体内心追求积极、昂扬、向上的生活。因为人是由生态、生存和生活构成的有机体，生态、生存、生活在本质上是构成人的关系动力的总和，是人生的全部内容。教育存在的意义并不只在于现在，更在于未来，是传承性事业，是建设与完善人的价值的事业。教育价值的本质是发展人的生态、生存、生活，引领人类文明进步的社会活动，即教育活动，不但可以激发主体认知和行为实践，还应以生态信仰文化为根本，以文化为基础，以生存与生活教育为方向。

从生态信仰文化的本质来看，生态信仰文化所固有的距离逻辑与关系动力是信仰与生活的关系。信仰文化与生活实践的融合性越好，信仰文化价值的实效就越大。因为生态信仰文化教育是在"讲道理"，但不应仅在讲"大道理"，文化的生命力在于身体维度与回归生活实践。要把信仰与文化、文化与生活、信仰与生活紧密地联系起来，使信仰成为生活的动力强势。

---

① 刘志山：《当前我国高校德育的困境和出路》，《华中师范大学学报》（人文社会科学版）2005 年第 3 期。

对于"生活优位"的隐性动力机制的实现，客观上要求突出生态信仰文化与地方、区域文化相结合。因为这些方面与社会主体生活的距离最近，关系最密切。如此，生态信仰文化教育还应立足地方特有的文化，形成鲜明的文化特色，这样才能真正实现"多元共生"协同，而不是仅止于批判，或一方消解另一方。应当说从地方特有的社会价值观资源出发，研究开发地方资源是生态信仰文化教育价值的一个突破点和我国生态信仰文化教育价值的主要魅力所在。因此，"生活优位"是生态信仰文化教育价值的根本推力与归宿，如果不能准确地把握这一优位，生态信仰文化教育的创新力就会枯竭。

当前，社会信仰文化教育实效性不强的原因在于社会主流信仰文化在一定程度上变成了脱离生活实际、没有动力的"空话""大话"，以至于成了社会主体置之不理的"贫困道学"。这样看来，以社会主体的现实生活为中心的社会信仰文化底蕴的培养对于生态信仰文化教育价值来说，不仅是其动力因素，更是其重要内容。

（三）多元主体协同的社会动力机制

生态信仰文化教育价值的显性动力机制还表现为多元主体的协同合作。因为生态信仰文化教育价值来自多元主体的关系动力过程。多元共生是关系动力的一个通用模式，在这个共生过程中，由于"多元共生"的主体都应获得利益和负责任，因此要实现社会、家庭与政府等主体的联动，构建"协同合作"的关系动力机制，激发各行为主体的利益动机与诉求，整合各方的动力资源。

首先，社会资源的有效参与和利用。关系动力学的实现要通过距离的分割，距离关系分割的价值与关系动力状况有着一定意义上的等价性。这种分割格局沿着多级距离中介逐次一圈一圈地由内向外推演，决定信仰文化的一般内容和分布情况，而且直接地经文化心理乃至体制化反映在社会主体的信仰文化的社会资源环境上。因此，社会资源参与生态信仰文化教育价值的意义在于，其社会主体的动力维度可以提供信仰文化培养的具体目标并参与到宣传与教育的全过程中。同时，教育的创新、管理者的水平和社会主体的创新精神的培养也需要通过社会资源的参与途径来提升。

因此，社会资源形成良好的关系动力过程，促使各相关动力要素全面协调、合理互动，实现有机多元动力组合，有效地促进了对社会主体的信仰文化价值的实效性。要主动参与优化社会资源，大力宣传实施"生态信仰文化教育"的意义、目的和内容，最大限度地发挥实施"生态信仰文化教育"的积极作用，充分利用社会上的爱国主义教育基地、革命纪念馆、科普基地、文化馆、图书馆、博物馆、科技活动中心、青少年宫等公益性文化单位，为组织开展"生态信仰文化教育"寻求良好的社会资源。

其次，从家庭来说，要树立正确的家庭教育观念，掌握正确的家庭教育方法。理解、支持、配合、参与"生态信仰文化教育"，充分认识到家庭中良好生态信仰文化氛围对社会主体成长、成人、成才的重要性，从而增强家庭对社会主体进行生态信仰文化教育的能力。

有研究者指出，生态信仰教育是"使社会主体明确个人在家庭、国家中，人类在自然界中的地位、作用和责任，确立人—社会—自然整体论的生态思维方式，坚定人与自然、人与社会协同共进的信念。通过尊重人、尊重自然的伦理态度教育，使社会主体懂得个人在家庭中的意义，懂得家庭在维持社会中的地位和价值，明确个人、家庭、国家在地球家园中的生态关系和价值，形成生态良知"。[①] 这其实也说明了生态信仰文化的关系动力教育的模式及特点，即在社会信仰文化价值实效过程中相关主体在协同合作形成共识，并积极地在生态信仰文化教育价值方面实现整合、联动，最大限度地实现关系动力的无缝对接与关系动力价值的实现。显然，我国社会信仰文化建构多是在政府以及教育行政部门主推下发展的，要真正走向社会，实现完善的管理者认同与社会重视还有很长的一段距离。

最后，政府力量的介入。社会资源主要通过政府途径来分配。对于政府来说，通过行政力量可以优化分配各种教育资源，形成教育发展的创新点。应该说，行政力量是生态信仰文化教育价值的制度动力。政府要在生态信仰文化教育价值的社会各类动力资源上给予管理者一定的倾斜，治理社会周边环境中不利于社会主体生态信仰文化教育价值实效的现象。

[①]　湖南省中国特色社会主义理论体系研究中心：《文化视野中的大学德育创新视点》，《光明日报》2009 年 11 月 21 日第 7 版。

总之，对于生态信仰文化教育实效来说，应在与社会的协同合作中采取更为积极的态度。有学者在分析我国当代道德教育的困境时指出"很多道德教育问题的出现，也不是因为他们的施教方法不当，而是整个社会的趋势"。① 这其实也可以说明社会生态环境对信仰文化价值实效性的影响。社会生态的宣传与教育不一定全部发挥消极的作用，在当代教育生态下，教育不应与开放的社会生态环境相隔离，与其把社会堵在校门之外，不如积极利用相关社会动力资源。

实际上，生态信仰文化作为一个大距离性存在，宣传与教育所占有的距离的量与质总是不足的，正如有学者指出的，"不能对宣传与教育抱一种过于浪漫的态度，不能'随心所欲'。这里说的不能随心所欲，包含两个意思。第一，教育是被决定的，被社会决定的，往往'身不由己'。第二，教育者只能做教育者的事，不能为所欲为，不能对教育赋予过多的幻想"。② 然而，教育过程，一定程度上就是为了获得更大的距离关系占有量，尽可能以更少的成本获取更多的信仰文化距离关系。这样，在教育占有的生态信仰文化距离关系不足的时候，社会动力资源维系和推动了生态信仰文化的发展。

① 彭定光、左高山：《当代道德教育的困境与出路——访万俊人教授》，《现代大学教育》2003 年第 4 期。
② 陆有铨：《从学位论文看基础教育研究中的若干问题》，《教育学报》2008 年第 4 期。

第七章　生态发展的权利与诉求

第一节　主体发展的生态权利

一　生态权利观的内涵

从哲学史的角度考察权利概念，从人类社会范围扩展到自然界、生物圈，改变了权利观念，实现了从人类中心主义转向非人类中心主义。美国著名环境伦理学史专家 R. 纳什在其《自然界的权利》一书中，比较系统地阐述了人类对自然的权利的认识发展过程。在《生态权利观的多元聚焦与差异整合》一文中，蓝华生认为，近年来，我国学界对生态权利的关注呈现彼此关联但又相互独立的多元态势。这就是说，不同的学科视野中有独特的生态权利理解范式。其中，具有代表性的有环境法学中的生态权利观、政治理论中的生态权利观和生态哲学中的生态权利观。环境法学不仅视生态权利为人权的组成部分，也把它当作生态社会中其他权利的基础。生态政治以社会正义为核心价值观，强调了以广泛的权利为前提的个人和社会的生态责任。生态哲学所强调的生态权利是以认同自然界的权利为基础的人的权利。[①]

在生态主义语境中，人类的活动反映着人与自然的关系，其中又蕴藏着人与人的关系，表达特定的伦理价值理念与权利关系。当前的发展冲突可以归结为生态冲突，是危及整个人类前途的根本问题之一。这样，主体发展的生态权利概念应运而生，只有在这一理论原则下重新构建主体生态权利，转变主体发展范式，才能使生态化发展得以维护，并重新理顺目前混乱不堪的生态发展秩序。

---

① 蓝华生：《生态权利观的多元聚焦与差异整合》，《华南农业大学学报》2012 年第 4 期。

主体发展的生态权利范围由主体存在和发展的各类生态要素构成，包括资源、能源、文化、制度和法律等要素，可持续发展、生态经济、生态政治等，从异化消费构建本性消费等。生态权利作为一种人类持续生存和发展的必然选择，主体发展与生态权利不可分割，生态属性决定了权利属性，主体的发展利益和生态权利的追求是一致的。尽管权利的形式在改变，但权利的实质不能弱化、淡化、边缘化、模糊化，否则保护和促进生态发展就失去保障。

从理论上来讲，把权利仅看成排他的而没有把权利看成一个要素联结的概念，这是不符合辩证法的。从主体发展的生态权利视角来看，若脱离生态一体性，则主体发展就无法得到保证。生态规律特点是稳定而脆弱、关联而有序、具体而宏大，但最根本的特性是整体性，这种主体发展的生态权利在权利主体间达成共识，根据生态规律，维护生态性的生活方式，但也经常发生冲突，这时应按照生态规律确定生态优先原则，一般整体生态化发展优先于区域生态化发展。为了促进我国生态环境的可持续发展，应以关系动力的整体性、公平性、平等性和客观统一性为原则确定生态权利的内涵。因此，生态权利观的基本内涵是不能认为只有人类才能言权利，生物的种族特征表明生物有其内在的存在权利；人类必须破除占有与主宰自然的权利欲望，合理行使对自然的权利；在价值问题上认为人与自然是关联同一的，自然生态构成人类自身存在的客观条件，也即人类作为自然巨系统中的一个子系统，人的生存与自然的生存彼此关联、休戚与共；自然界对人类的生态价值高于其经济资源价值；人直接是自然存在物，地球的经济资源价值是有限的；人类并非唯一的价值主体。自然界乃价值的源泉之一，人类与万物都是目的价值与手段价值的统一，要把自然的万物包容在和谐的权利关系下，以一种和谐的、友好的、共赢的关系来建构人的生存方式，从而人作为发展的主体，要做生态的维护者，赋予主体发展的生态权利，要保障在发展过程中主体利用生态要素获得健康的生存和可持续发展的权利，等等。

正如权利的来源是"存在"的独立和"自决"神圣，主体发展的生态权利来源是主体的生态自足，是任何第三方不可剥夺的。主体生态权利代表生态秩序，主体发展的生态权利要素形成一个有序的人类生存和发展的生态结构。所以，物质生产不应该任意破坏健康的既存的生态秩序，政策要旨是顺应和保护健康的生态化发展趋势，过重过速地对生态进行改造都是生态无法承受的。

生态文明建设是主体生态权利在社会发展维度的延伸，作为权利主体应该积极践行生态文明。从生态化发展的权利视角来看，生态文明表达了人的精神生活、智力开发、自我实现等精神需求，将从一种自我的、利己的、单向的满足向人与人、人与生态和谐的多向度满足转变，从强势的人类中心主义出发构建人与生态和谐共生的生存方式，从而改变人与生态对立的状况。可以说，生态权利来源于人类在进行与自然生态有关的活动中所形成的权利关系及其实践调节原则。生态权利作为一种价值设置和权利追求，是主体幸福感的根源。因此，在我国生态发展过程中要改变生态化发展的单一经济维度，发展价值的单一物质取向，促使主体发展的生态权利转化、共享，而不是"弱化"。

从权利发展史上看，提出主体发展的生态权利无疑是一大进步，将深刻影响人类社会和人类历史的发展，无论是对经济、政治、文化和社会，还是对个体人的存在都有理论与实践价值。比如，生态权利观念意味着对生态信仰文化的认同和确立，将深刻影响着人们的生存方式，并由此推进文化的转型与升级，对个体自身的发展和完善产生影响。具体来说，主体发展的生态权利观提出的意义在于生态权利试图从哲学的世界观和方法论层次上解释人与人、人与自然的关系动力，将发展权利的对象、主体推演到人与自然界的一体关系中，赋予自然界以权利价值，揭示人与自然关系动力体的价值，引导人们从生态权利的角度，从整体上、本质上重新审视人、社会、自然的复杂关系动力系统，树立新的发展价值观。以全新的生态化发展思维方式，重新调整人类的行为模式和实践活动，促使人类的行为准则和价值取向源于并服从于生态环境系统协调平衡的生态规律，更好地实现社会经济的有序、协调、健康、持续的发展。

二　"以人为本"：生态权利观的内核

随着人类实践的深化和新的需求的增长，人与自然关系的新矛盾又促使人类总结经验，发展生产和科技，对自然进行再认识和改造，如此由低级到高级的辩证发展过程，创造出人与自然和谐的统一关系，实现人类向自由主体性地位的进化。因此，面对人类实践出现的新矛盾，生态权利观以人、自然、社会的协调发展为基本内容，在人、自然、社会三者的关系中，坚持"以人为本"的基本内核。

我国学者李惠斌认为，生态权利在今天应该被看做公民的基本权利。公民或个人要求其生存环境得到保护和不断优化的权利，就是我们所说的生态权利。从人类生态学或社会生态学的意义上讲，人的生态权利来自或衍生于人的生存权利，公民不仅拥有生存的权利，而且其生存环境也同时应该不断地得到保护和优化。如果人的生存环境得不到保护，那么人的生存权利就会成为一句空话。这就是说，生存权利本身就先天地包含生态权利的内容。①

不同国家的法律对生态权利有着不同的表达。例如，美国《伊利诺伊州宪法》规定："每个人都享有对有利健康的环境的权利"；② 秘鲁《政治宪法》规定："公民……有生活在一个健康、生态平衡、生命繁衍的环境的权利"；③ 法国《环境宪章》规定："人人都有在平衡和健康的环境中生活的权利"；④《俄罗斯联邦宪法》则对生态权利作了明确规定，属于宪法性的"人和公民的生态权利"主要有享受良好环境的权利，获得关于环境状况的可靠信息的权利，要求赔偿因生态破坏所导致的公民健康损害和财产的权利，土地和其他自然资源的私人所有权。⑤ 目前，中国法律尚未对"生态权利"进行明确释义，而学术界对生态权利的定义尚存在分歧，尤其是关于生态权利主体的定位。李建华、肖毅认为，生态权利的主体是自然界中一切生物，"自然界中一切生物一旦存在，便有按照生态学规律继

---

① 李惠斌：《生态权利与生态正义——一个马克思主义的研究视角》，《新视野》2008年第5期。
② 丹尼尔·A.科尔曼：《生态政治——建设一个绿色社会》，上海译文出版社，2002，第35页。
③ 莫神星：《借鉴外国环境权立法，在我国法律中确立和完善公民的环境权》，《华东理工大学学报》2004年第1期。
④ 莫神星：《借鉴外国环境权立法，在我国法律中确立和完善公民的环境权》，《华东理工大学学报》2004年第1期。
⑤ 王树义：《俄罗斯生态法》，武汉大学出版社，2001，第25页。

续存在下去并受人类尊重的权利"。① 有观点认为，生态权利应作为一种基本的人权来理解和对待，只有"人"才是生态权利的主体，自由、平等、充分地享有环境，获得良好生态感受和生态体验是人的基本权利。应该说，这种观点既有合理性，又有狭隘的人类中心主义的取向。当然，认为所谓生态权利就是保护原生态，就是保护和尊重自然的原始状态，从而用一种自然生态学理论来反对社会学和人类学意义上的生态学理论，这种观点的主要错误是反对人类的文明化和现代化过程。按照这种观点，只有生物学意义上的生态权利，而不存在人类学或社会学意义上的生态权利。

马克思深刻指出，人直接是自然的存在物，是能动的自然存在物，动物只是按照它所属的那个种的尺度和需要来建造，而人却懂得按照任何一个种的尺度来进行生产，并且懂得怎样处处都把内在的尺度运用到对象上。因此，他也按照自然规律来建造。② 这就充分表达了人在改造自然的时候，能够按照自然规律改造自然、利用自然并维护自然，具有充当生产者的同时又是维护者的主体性地位。也就是说，人与自然关系的和谐统一是一个辩证发展的过程，作为消费者，人类总是与自然界发生矛盾，促进人类在认识和改造自然的活动中达到人与自然部分的协调统一。

权利因人类生存发展而存在，人类因生态发展、有序平衡而存在。生态发展的权利本质是人类的生态存在和发展权，因此，生态权利的核心就是为了人类的发展与进步而保护自然资源，换句话说，"以人为本"是生态权利的核心，人类对自然生态系统给予道德关怀，从根本上说也是对人类自身的道德关怀。

对"以人为本"中的"人"的基本内涵理解是多样化的。诸如把"以人为本"中的"人"理解成抽象的人，或是具有独立个性的人。"以人为本"的"人"是个普遍性的概念，是指任何一个现实的、有自然生命的、从事着实际活动的个人。由此进一步强调"以人为本"中的"人"，没有社会身份、不分社会等级，没有"官""民"区别。把"以人为本"中的"人"理解成带有阶级性质的人，认为在目前我国社会中并不是任何

---

① 李建华、肖毅：《自然权利存在何以可能》，《科学技术与辩证法》2005 年第 1 期。
② 马克思：《1844 年经济学哲学手稿》，人民出版社，2000，第 58 页。

人都可列入"人民群众",一个人能不能称为"人民"的一分子,这在政治上和法律上都是有一定限制的;认为"人民"是个历史范畴,在不同的时期具有不同的内容。还有人认为,"以人为本"中的"人"除了是带有阶级性质的人之外,还包括不带有阶级性质的人。这种观点把"以人为本"与我国的"以阶级斗争为纲"思维模式的转变联系起来,明确提出了"以人为本"就是以全体社会成员为本,以所有的人为本;认为到了社会主义建设时期,不能局限于阶级分析,而要用生产力的分析方法,这是比阶级分析更为基本的一种分析方法。

应该说,"人"应该注重质的规定,简单说"人"是量上占大多数的人,排斥少部分人及其利益,是机械的思维,应该在实践中去具体限定。从马克思主义唯物史观来看,马克思主义讲"人",这个"人"在本质上更强调的不是资产阶级所讲的超越历史、超越阶级、超越各种社会关系、超越现实的抽象的人,而是指社会关系的总和,与物质实践活动联系在一起的具体的"人"。物质实践活动是人的存在方式,这样,这个"人"就是现实的,是实实在在的。这个"人"同样也是带有阶级性质的人,因为在有阶级、阶层的社会中生活的每个人都会带有阶级、阶层的烙印,这是把人看成具体的人在阶级社会中的一种必然的反映。

所以,人又是社会的人。马克思主义所讲的人,实际上就是人民群众,马克思在《1844年经济学哲学手稿》中认为:"自然界的人的本质只有对社会的人说来才是存在的;因为只有在社会中,自然界对人说来才是人与人联系的纽带,才是他为别人的存在和别人为他的存在,才是人的现实的生活要素;只有在社会中,自然界才是人自己的人的存在的基础。只有在社会中,人的自然的存在对他说来才是他的人的存在,而自然界对他说来才成为人。因此,社会是人同自然界的完成了的本质的统一。"① 他又指出,"人是全部人类活动和全部人类关系的本质、基础……历史什么事情也没有做,它'并不拥有任何无穷尽的丰富性',它并'没有在任何战斗中作战'!创造这一切、拥有这一切并为这一切而斗争的,不是'历史',而正是人,现实的、活生生的人。'历史'并不是把人当做达到自己

① 《马克思恩格斯全集》第42卷,人民出版社,1979,第122页。

目的工具来利用的某种特殊的人格。历史不过是追求着自己目的人的活动而已"。①

"以人为本"中的"本"不是西方提出的以人为中心。"以人为本"与人类中心主义有着本质区别。从关注人的尊严以及生态信仰文化视角来看，就是要以人的安全与幸福为"本"。幸福是以一定的物质存在与消费为基础并伴以欣慰、愉悦等精神感受的一种状态。对于幸福的追求和痛苦的避免可以说是人的天性。衣、食、住、行、环境，样样求其善，均是"趋乐避苦"的表现。物质永远只是手段，经济生态化发展的终极目标是使人们达到一种精神上的幸福满足。为什么偏好和欲望之类的满足就其本身而言并不具有规范性意义而只有幸福才如此呢？为什么幸福是最根本的，而其他事物从根本上说只是就其对幸福的直接或间接的促进作用而言才是重要的呢？对此的简单回答是，只有幸福和痛苦本身才有好坏之别，而其他事物均无这种性质。物质永远只是用以满足人们幸福需要的手段，幸福才是人类唯一有理性的终极目的。所以，人以幸福为"本"。认识这个问题，对于建立"以人为本"的新发展观具有十分基础性的意义。

因此，正如人欲扩张的结果是自然环境的严重破坏以及两次世界大战等惨重的教训，人痛定思痛，思悟到人的不足，人并不足以作为"本"，尤其是宇宙之本。同时，"以人为本"不同于"以神为本"，或它的变种"以自然神为本"；不同于"以官为本"，或它的变种"以上为本""以权为本""以管理为本"；不等同于"以钱为本"，或它的变种"以生产为本""以 GDP 为本"；也不同于"以大自然为本"，不同于某种略为变化的说法——"以环境为本"。

提出"以人为本"是生态权利的核心，是从生态权利的保障及实现的责任"主体"视角来说的，也即从责任角度"以人为本"，责任主体是"人"。人类对环境问题和生态破坏负有道德责任，主要出于对人类生存和生态化发展以及子孙后代利益的考虑，人类保护自然是出于保护自己的目的。因为生态危机证明了人对自然做了什么，也就是自己对自己做了什么。因此，只有在社会中，在人与人的关系确立的前提下，人与自然的关

---

① 《马克思恩格斯全集》第 2 卷，人民出版社，1957，第 118～119 页。

系才得以确立和展开。在人与人的关系和人与自然的关系之间的关系中，人与人的关系是核心。人与人的关系决定着人与自然的关系、人与人的关系和人与自然的关系之间的关系。人与自然关系的背后是人与人的关系。正如马克思所言："人们对自然界的狭隘的关系决定着他们之间的狭隘的关系，而他们之间的狭隘的关系又决定着他们对自然界的狭隘的关系。"①

总之，生态权利观要求不能无限制地改造和掠夺自然，把人看做自然的主宰者，也不能完全否定人类消费自然界、改造自然界，满足生存发展需要的必要性。为了人类的长远利益与整体利益，作为实践主体的人必须注意保护环境，走人、自然、社会协调发展之路，在实践活动中，不仅注重经济效益、社会效益，还应注重生态效益。这种以人、自然、社会协调发展为内容的新的生态权利观，是对传统"人类中心主义"与现代"人类中心主义"的扬弃，它坚持了以人的利益作为终极追求的价值标准，合理地解决了人与自然的关系动力问题。它看到了人与自然关系的休戚相关性，教导人们用相对的、有条件的、可变的观点看待人与自然的关系，主张以尊重自然规律和其内在价值为基础来规范人类的实践行为和建构新的文明发展模式。这是一种关于人与自然关系的正确的、科学的观点，应当积极地走近它。只有这样，生态才有望得到更好的保护，生态安全才有望得到更好的维护，人类的利益和价值也就有望得到更好的维护。

三 生态权利观的实践意蕴

主体发展的生态权利观作为一种新的权利理念，虽然是一种权利理论，但也注重它的实践，因而，也应该有相应的实践意蕴。第一，高度重视生态安全与环境保护。保护环境、确保生态安全是人类不可推卸的义务和责任，经济的发展不能以破坏环境、灭绝生物为代价。生态权利突出强调在改造自然中保护生态环境不被破坏，不能急功近利，吃祖宗饭、断子孙路，不能以牺牲环境为代价取得经济的暂时发展。

第二，尊重和发展生态环境。对生态环境的权利关怀，首先体现在尊重生态环境、重视生态环境。自然与人构成了一个和谐的有机整体，一损

---

① 《马克思恩格斯选集》第 1 卷，人民出版社，1995，第 82 页。

俱损、一荣俱荣。人类必须摆正自己的位置，以主体对主体的姿态，自觉地把权利关怀赋予自然物，把正义、公正、义务等权利观念推广到环境生物中，承认人类以外的生物有其在自然状态下持续生存和发展的权利，自觉承担对生物和环境的尊重、爱护义务。同时，对生态环境的权利关怀的重点应该是支持发展生态环境，主动优化和美化人类生存环境。这是一种更高层次上的生态权利观，是对生态环境更加积极和有效的权利关怀。

第三，人与自然的和谐发展也离不开制度建设。通过一系列法律措施来维护环境正义，追求经济、社会和生态的持续发展，以促进人与自然的协调发展，达到社会的共同进步，归根结底这才是人类社会发展的实质所在。必须维护社会环境正义，通过规定社会成员具体的环境权利和义务，对环境资源和利益在社会成员之间进行适当安排和合理分配。强化社会监督、环境管理，自觉地把自然生态系统看做影响人类生存和发展的基本变量，注重物质资料生产、人口再生产和生态再生产的统一。

第四，合理开发和利用资源。尊重自然，爱护自然，并不是说人类不能开发、利用自然。人的生存和发展都需要以自然的物质资源为前提。虽然人类发展会破坏自然生态的天然平衡，但是人类的活动具有创造性，这种创造性的活动加入生态系统，不仅能从人自身需要出发改造自然，而且还能从人与自然的最佳关系的理念出发，使必然地被破坏了的天然生态平衡向更加合理的平衡（即内在有机的平衡）进化。合理的开发和利用就是以不破坏生态系统的内在平衡为前提，即确保人类对自然资源的开发控制在自然生态系统的承受能力范围内。人类活动对自然的压迫和损害控制在自然生态系统的自身调节、自身净化的限度内，使人类的经济发展建立在生态平衡的基础上，社会进步建立在人与自然的和谐上。

第五，形成全球一体化发展的生态实践共识。不断恶化的、日益紧缺的水资源与土地资源……全球升温提示全球一体化过程中远距离相关性甚至越出了国界。要解决全球环境资源困境，就要全球协商，就要全球达成共识，就必须在全球范围内有计划地放弃西方传统工业文明模式，以保护环境、合理发展为理念，以共同的生态信仰文化为前提。在人与自然关系的层面上，强调人与自然的统一、协调，人虽居于主导地位，是管理者，但绝不意味着人可以凌驾于自然之上，不遵循自然规律而随心所欲地驱使自然、安排自然。要求人类与自然界的和谐共处，不能因为人的发展而对自然造成破坏。人类不仅要严格地保护自然，而且要在尊重自然规律的前提下恢复自然，在更高层次上实现人与自然的和谐。

当前中国的生态化发展是社会系统的全面转型与升级，不仅包括经济结构转型与升级，也包括政治、社会、文化结构的全面转型与升级。这也决定了当前我国的生态化发展内在地包含生态文明建设这一重要内容。在中国，部分人先富牺牲了多数人的环境，部分地区先富牺牲了当地和其他地区的环境，环境利益分配不公，不仅影响民生，更可能引起政治动荡。

现在我国不仅在理念上明确了生态化发展的整体性实践，强调社会各个领域的全面协调发展，而且在实践层面积极探索推动人、自然、社会协调发展的具体道路。这就为生态文明建设奠定了良好的开端。社会主义生产的目的是满足人们日益增长的物质文化需要。要按照生态文明的理念，积极探索自然和谐的生产、生活方式，杜绝"少数人发财、人民群众受害、全社会埋单"这种不良现象的发生，为子孙后代留下一个良好的生存空间。同时改变经济增长方式，既保证生产足够多的财富，以及财富的公正分配，不断改善人的生活质量，又保证有较好的环境质量，维护生态潜力，既满足我们这一代人的发展需要，又不对后代的发展造成损害，实现人与自然和谐相处的前提是实现人与人之间社会关系的和谐。

而每个人都应该从节约每一滴水、节约每一度电、节约每一滴汽油、节约每一张纸做起，培养良好的生活习惯，调整自身的消费方式，提高个人的生态文明意识，爱护自然，保护环境。在我国生态文明的进程中，每个人作为发展的主体不能超然其外，要置身其中。不应仅仅是生态文明建设成果的享有者，更应是生态文明的建设者。这是时代赋予每一个人的职责，同时，也是主体发展的生态权利。

总之，生态信仰水平的提高离不开生态文明建设，离不开全面的生态化发展。生态化发展只有强调发展的全面性和关系动力的整体性实践，生态文明建设才能达到理想的效果，实现中华民族的复兴。

第二节　生态发展权利的分配公正

一　生态发展权利分配问题的重要意义

发展离不开生态化，生态发展要求具有生态信仰上的关怀意识，这种关怀是通过对自然和环境责任的担当实现的。因此，需要发展主体担当生态发展的责任。当生态权利不能获得公平或正义对待时，生态权利冲突就产生了。这样生态发展就内含了人的道德情感和内在权利感，强调人的担当和权利精神，建立真正平等的、公正的人与人、人与自然的关系，实现人与人、人与自然的和谐发展，达到共荣共存。

生态发展权利分配公正与进步是生态发展得以实现的根本性力量，各发展主体享有自己的生态发展权利最终要依靠权利分配公正来实现。但是目前强势发展主体凭借与弱势发展主体之间的权利分配差，损害了弱势发展主体的权利，从而使权利分配落后的弱势发展主体最终不利于生态发展权利分配的公正，导致生态发展权利分配不公的现象大量存在。产生的原因比较复杂，诸如政府面对自己应承担的生态发展责任时，往往会因为各种原因出现相互推诿、少担当甚至不作为的情况。各主体生态发展的公正意识不强，没有形成有利于生态发展实现的生产生活方式，对生态发展权利分配的公正没有一个科学的研究，也没有形成一致观点。解决这些问题时各发展主体意见分歧很大，一时难以调和。其实，如果说每个发展主体没有意识到自己应享有一定的生态发展权利，就对生态发展及其内涵有了一个初步的认识，那显然是不现实的，问题的关键在于怎样公正地实现生态发展权利在发展主体之间的分配。如果这一权利得不到公正的分配，那么各主体就会因权利分配不明确并且缺乏监管与惩罚而漠视，没办法去真正享有相应的生态发展权利，致使各发展主体在生态发展权利分配上处于不统一、不公平的现状。

当然，公正问题不是一个抽象问题，而是一个实践性的逐步呈现在人面前的价值生成问题，任何社会都找不到绝对的公正，只有在某些人看来的某些人的或者说某阶级的公正，这种公正是衡量公正问题的唯一的标准，这种公正观就是实践视野中的公正观。

生态发展权利分配问题的提出是为了促进人与人之间、人与自然之间、可持续发展与生态环境保护之间的互利共生、协同进化和发展。这种生态发展权利观实现的核心路径是强调生态发展权利分配的公正。生态发展权利分配公正是生态发展的"水之源、木之本"，只有对生态发展权利进行了公正的分配，才能统一行动应对共同的发展危机。同时，如果不能实现权利公正分配转化，并把其运用到生产实践中，生态发展将无从谈起。当代世界，生态发展权利分配的公正迟迟不能取得建设性成果，生态发展权利分配的公正问题一时还难以解决，生态发展在历经重重障碍后在曲折中艰难前进，其中当代中国生态发展面临的一个重要问题就是生态发展权利分配的公正问题。因此，对生态发展权利分配公正问题进行研究具有极其重要的价值。

二　生态发展权利分配公正的思路

有学者指出，从马克思主义视角来说，生态权利冲突的解决途径：第一，需要法律；第二，经济手段协调，诸如实施生态补偿制度手段协调，明确生态权利的法律地位；第三，政治手段协调，发挥各级政府的主导作用；第四，道德手段协调，提高当代人的可持续发展意识。[①] 这为我们处理生态发展权利的分配公正问题提供了很好的思路。

具体来说包括以下几个方面。

（1）要充分发挥市场在调节资源、促进资源分配方面的作用。现代社会生活与市场休戚相关，政府、企业、个体、各类组织都生活在以市场为纽带的社会中，市场把它们紧密地联系在一起，因此，生态发展权利分配的公正要依靠市场这只"无形的手"来进行。市场会利用各种机制把相关权利分配到与其相对应的主体身上，它会把社会发展协调起来确认是什么对生态发展带来压力与破坏，它生产出了什么产品并产生了怎么样的危害，危害达到何种程度，哪些是生态发展环境可以承受的，哪些是不可以

---

① 崔义中、李维维：《马克思主义生态文明视角下的生态权利冲突分析》，《河北学刊》2010
年第 5 期。

承受的，并在这个基础上进行权利分配。

（2）政府力量的必要介入。单靠市场机制，很难确保人类与生态之间的和谐，很难确保正确地对待动植物以及生态系统，很难确保考虑后代的利益。随着权利分配的进一步深入，政府力量主要去解决更深入、更细化的生态发展范围内的生态发展权利问题。实际上，我国的生态文明建设有赖于政府对生态保护的大力提倡和生态权利分配的公正。政府要做到责权统一，并且积极地"尽己之责"。政府要意识到如果现在我国发展不走生态发展之路，不仅发展难以为继，而且已经取得的发展成果也难以保持，甚至发展状态会退化成为生态灾难频发的炼狱。这要求政府主动在"共同但有区别的权利"原则指导之下，勇于承担属于自己的那份生态发展权利分配，引领生态经济发展，促进传统产业转型与升级，转变经济发展方式，提高国民的生态发展水平。同时还应该看到，我国城乡危机的影响不断加深，弱势发展主体逐渐成为推动经济发展的主要动力，经济增长也呈现下滑趋势。政府要充分利用这样一个机会，实现各发展主体经济的可持续生态发展，解决经济长期以来存在的不平衡、不协调和不可持续的问题，使经济的发展与人口、环境和资源相适应。

（3）对分配主体进行明确，即根据具体情况对不同发展主体按标准进行权利分配。当今时代，生态发展权利主体的划分与发展主体的发达程度相关，因为发展主体的实力是一个历史的积淀，是一系列发展过程共同影响的产物。各主体担当起相应的生态发展责任，而生态发展责任的担当要以权利分配公正为前提，以使各行为主体有明确的权利得以享有，确保生态发展权利分配的公正。

应对各主体在各个历史时期发展所消耗的自然资源量进行划分，以明确不同发展主体应享有哪种生态权利。面对生态发展中的问题甚至危机，主要是强势发展主体享有生态权利，而弱势发展主体承担生态发展的责任，没有就如何践行生态发展任务达成一致观点，因此要统筹兼顾各方利益，协调各利益主体之间的关系，既不能要求任何一方放弃发展而追求绝对的生态公平，也不能因个别主体享有过多的生态权利而使其他主体失去发展的机会。而发展主体在相互合作中不能牺牲弱势发展主体或弱小主体的利益，坚持各主体不分大小强弱一律平等的原则，相互尊重、相互帮助、共同发展。

在这个实现过程中自然的人本主义与人的自然主义会不断协调发展，这种发展的实现要求站在人民的立场上对生态发展权利进行公正分配，这一分配要符合社会历史发展潮流，符合广大城乡人民的根本利益。利益分配实施不仅体现在现实和未来的行动中，而且也针对过去的行动。那些历史上的集体行动造成的损坏，必须由相应的集体予以道义性的承担，并以最大努力加以具体补救。这就要求对生态发展权利进行分配，贯穿在整个生态发展过程之中，要立足对自然进行基础性的保护与修复，以确定各主体在过去发展中对生态造成的损失量，并在这个基础上进行权利的划分、界定与分配。

（4）完善与环境保护相关的各项法律法规。通过法制建设推进生态发展权利分配落实。环境法律对每个发展主体具有普遍约束力，对于现有法律，各发展主体都必须严格遵守，保护法律的地位和约束力，这是实现生态发展机会公平的法律基础。

当前，一些国家非常重视通过立法来加强对环境的保护，相继出台了一系列的关于环境保护的法律。我国出台了《环境保护法》等，使得环境保护、生态发展有了相应的法律约束。因此，应加快环境立法，确定环境保护的法律程序，增强可操作性。同时要将环境法律纳入国家的基本法律当中，提高环境法律的地位和权威，充分发挥法律的功能。法律具有普遍约束力，对各发展主体都具有同等的法律效力，生态发展方面的相关法律是各发展主体进行生态发展权利分配的公正的法律依据和保障，可以调解各发展主体之间的矛盾，促进各发展主体的合作与交流，促进生态发展权利的分配公正。

（5）充分发挥生态信仰的作用。在生态发展权利分配中，要充分发挥生态信仰的作用，通过道德伦理功能与价值导向来约束发展的"冲动"。生态信仰作为一种内化的制约机制，在社会成员之间起到规范成员关系、维护社会持续、实现共同利益的作用。

马克思主义认为，社会存在决定社会意识，社会意识对社会存在具有能动的反作用，因此，在社会发展过程中要注重提升各主体对到生态发展的重要性与必要性的认识。显然，自觉的生态发展意识对生态分配公正具有积极的指导作用。这时就要发挥生态信仰的伦理与道德功能和约束作用。如果没有道德伦理建设，只注重科学研究与自然开发，在生态发展中将导致我国道德伦理价值领域出现真空，就一定会影响自然界的可持续发展，而我国发展对自然的破坏终将危及我们自身的可持续发展。

现阶段，在生态环境法律未取得实质性突破，环境法约束乏力的情况下，通过生态信仰约束发展主体的生态发展权利是当前最亟须实行的路径。这会对现实中、实践中违反生态道德伦理的主体造成舆论压力与心理压力。生态信仰文化无论在内涵方面还是在外延方面，都不同于传统意义上的伦理。传统意义上的伦理是自然形成的，而不是制定出来的，通常也不写进法律之中，它只存在于人们的常识和信念之中。传统意义上的伦理虽然也主张他律，但核心是自觉和自省，不是强制性的。由于生态保护问题的复杂性和紧迫性，生态信仰不仅要得到鼓励，而且要强制执行。

因而，必须在"生态信仰"的原则下重视和加强环境政策、法律法规和制度建设与创新，对不负责任的行为进行监督与制裁，协商、制定具有实质性的、合乎理性与道德要求的法律，引导人们转变道德观念，从而规范各发展主体行为，促进生态发展权利分配的公正。当然，要在根本上解决生态发展问题，使生态发展权利分配公正落到实处，就必须坚持权利分配的制度公正，因为有了生态发展权利分配的运用，而没有与其相适应的制度，生态发展权利分配公正将没有保障，最终也不能实现生态发展。应该在制度层面进行建设与创新，对生态发展中不公正的制度进行变革。但就目前情况来看，相关法律法规也存在一定的局限性，对于生态发展权利的分配公正要么现有的法律缺乏有关这方面的规定，要么虽然有了相关法律法规，但约束力有限，致使某些发展主体凌驾于法律之上的行为依然存在。相关制度设计较多的是在维护强势发展主体的利益，而对于弱势主体利益的维护被排除在法律之外，更谈不上对利益诉求的保护。生态发展权利作为一种社会道德伦理维度，是一种内在的意向、一种行动驱动力，它赋予各种权利主体生态发展的担当意识，可以直接促使人产生与之相应的行动，自觉承担自身应承担的责任。

总之，推进生态发展权利分配的公正，就要求在生态发展的过程中，必须发挥生态信仰（包括道德伦理）的作用。不要忽视道德领域的建设，要把两者协调起来，即用生态发展促进道德发展，并用道德发展约束与反作用于生态发展。

（6）有效的监管机制。用道德伦理规范来切实保证权利的实现。但是通过这样的努力是远远不够的，因为它不具有必然的约束力，并且这样的约束也不一定能够全部得到认可，这就暴露了生态发展权利分配公正的另一个软肋——缺乏有效的监管机制，缺少监督的权力最容易腐败；与之相同，缺少监督的环境保护最容易走形式主义，生态发展权利的分配如果缺少监督，各发展主体将不能分配到相应的权利份额，从而引起不公正问题，这样使生态发展权利分配无法公正，任何活动都会偏离其原来的目的，私人利益会趁机占领公共利益的领域，凌驾于公众之上，将不会为了长期的发展目标而放弃或改变眼前的发展方式。因此，我国生态发展仍然需要加强建立与健全监督机制，对各主体进行有效的监督与约束，以实现生态发展权利分配公正。作为公众与政府的喉舌，媒体应增强自身的权利意识，勇于承担起生态发展权利分配执行过程中的监督功能，及时准确报道有关环境方面的问题，将各种侵害环境的行为放到公众的视线之内，接受社会的伦理与道德约束和法律的制裁，促进生态发展权利分配的公正。

另外，加强宣传教育，调动主体生态发展的积极性。树立主体的自省意识，提高其环保意识和参与环保的践行力，通过各主体的自觉内化为行动。

当前，为了最大限度地促使更多发展主体参与其中，还应该结合生态发展权利的实际情况，通过加强交流与合作，不断进行协商，消解彼此之间的矛盾，确定各发展主体的权利空间，明确各发展主体的义务，并监督各发展主体的实行，只有如此公正才能更好地得到实现。

总之，把生态文明建设提升到国家战略高度，放在全面改革的整体规划中，科学规划生态发展权利分配，并在各发展主体范围内进行具体性规划，在科学管理、有效运作和有效的监管机制下建立有我国特色的环境保护法律制度体系。社会各主体在生态发展信仰意识促进下，处理生态发展权利的分配问题，不断促进生态发展权利分配的公正，以实现生态发展。

第三节 我国科学发展的生态伦理诉求

著名法国学者克洛德·阿莱格尔认为："人类自从在非洲森林旁边出现以来就为了生存而与自然搏斗。人类从大自然中盗取了火，挖走了金属，人类改造了它的土壤、污染了它的大气。现在人类必须明白，开采的时代结束了，展现出来的是管理与保护的时代。对抗的年代过去了，展现出来的是和睦的年代。"① 也就是说，人类反哺自然的时代已经到来。可见，实现人的全面发展，前提是人与自然的一体化发展，核心是人与自然的统一。实现这种统一，是社会与环境协调发展的需要。人类对自然资源的开发和利用，需要以一种合理的、有计划的方式实现，不仅满足人类物质上的需要，更要实现自然生态系统的良性自生，需要制度的重新安排和实践方式的调适与创新，需要转变经济发展方式，这一转向需要一种能够平衡社会、人与自然一体交往关系和主体敏感的新的世界观与方法论，或者有必要寻求一个新的发展方法与范例。

对于当代中国的发展而言，我国提出科学发展观是及时的。寻求社会文明真相的模式究竟离西方文明近一些，还是更倾向于本土模式，抑或寻找"第三条道路"而不是"搅和、折中主义"的合法性都是难题。因此，对于发展模式的寻求，必须在生态、信仰与发展的关系动力中寻求一个好的理论与方法支持。因此，科学发展观提出要坚持全面、协调、可持续发展，以及统筹人与自然关系的和谐。

推进我国的科学发展，需要人们思维方式的变革、道德观念的变化和科学生活方式的养成。从底层文化基础保障上来看，需要深度培育和践行生态信仰文化。其中，生态发展的伦理诉求（也即生态伦理诉求）是关键的精神动力因素。无疑，我国的科学发展之路探索要深入揭示科学发展观的生态伦理诉求。

---

① 克洛德·阿莱格尔：《城市生态，乡村生态》，商务印书馆，2003，第163页。

一 "全面""协调"发展的生态伦理诉求

科学发展亦即主张一切工作均要依靠科学、尊重科学，将科学精神、科学思想、科学方法、科学知识应用于解决"发展"问题。但是，过去的自然科学，是不考虑价值观的，从物的观点去研究物，而不是从人的观点研究物，更不是从人的观点来研究人。现在大家认识到，任何一门学问都是离不开价值观的。所以，科学观也应该是伦理观。因此，科学发展观要有相应的生态伦理诉求。

（一）"全面"发展的生态伦理诉求

全面是一种把握全局的思想方法、工作方法，又是科学发展的价值目标。它首先要求将社会当作复杂有机体看待，不能孤立地、片面地发展某一方面，也不能以牺牲其他部分为代价换取某一方面的发展，应从社会的整体结构和功能出发，寻求最佳发展，实现社会的全面进步。同时还强调要坚持经济、社会与人、自然的全面协调发展，彻底改变社会盛行的片面的发展观，把经济发展等同于社会进步。

回顾中国从传统社会向现代社会的转型与升级，走过了一段曲折的路程。起初我国将社会发展看做经济主导型的社会发展，曾经把现代化等同于工业化，认为现代化应是经济落后的国家实现工业化的过程，为此付出了沉重代价。现代社会发展不仅包括经济领域变迁，也包括政治、思想、文化等领域的变迁。正如罗荣渠给现代化下的定义："广义而言，现代化作为一个世界性的历史过程，是指人类社会从工业革命以来所经历的一场急剧变革。这一变革以工业化为推动力，导致传统的农业社会向现代工业社会的全球性的大转变过程，它使工业主义渗透到经济、政治、文化、思想各个领域，引起深刻的相应变化。"[1]

当前中国的社会发展是包括生态文明建设在内的社会整体转型与升级。我国开始深刻认识到现代社会发展实质上是社会全面、整体结构的转型与升级，单方面推动社会某一领域的发展不能实现现代社会的转型与升

---

[1] 罗荣渠：《现代化新论——世界与中国的现代化进程》，商务印书馆，2004。

级。它的生态伦理诉求是强调在社会整体发展上，把追求人与自然关系的和谐共荣、维护生态平衡作为根本的价值尺度和目标之一，国家要加强制度创新与理论创新，引领全社会走生态发展之路，实现国民经济又好又快发展。坚持转变经济发展方式，调整经济结构与布局，大力发展清洁无污染的产业，坚持在实践中总结经验与教训。在政治、经济、文化和社会发展中制定各项重大政策和规划，必须由自然科学家、社会科学家、广大公众参与，进行不可或缺的生态效益评估，一切以促进人、自然、社会和谐全面发展为依归。

这里需要特别提出的是，在"全面"发展生态伦理诉求下，为全面、协调、可持续发展打下坚实的物质基础，才能更好地解决前进道路上的各种矛盾和问题，实现社会主义经济、政治、文化、社会和生态发展的目标。

（二）"协调"发展的生态伦理诉求

"协调"揭示了在全面建设小康社会的历史进程中，必须始终注意统筹人与自然和谐发展，始终注意人、社会与自然关系中的各种要素系统而协调的发展。

今天，一方面，可以比以往任何时候都更快、更好地将信息和物质变成全球共享的产品，可以用较少的投入换得更多的实物产出，可以通过科学技术对自然、对外在于我们的客体作系统的认知与革新。但另一方面，对自然的破坏到了无以复加的地步，经济和生态之间的关系达到对立的深谷。正如科布所说："尽管当今人类面临着许许多多的问题，但我相信，最根本的是必须处理好经济学和生态学之间的张力。在过去的半个世纪，人们的注意力完全集中到了经济学上，人们论证的一直是如何增加生产、交换、消费和服务。"[1] 而且，从整个世界来说，从绝对数字看，世界上挨饿的人比以往任何时候都要多，且人数还在继续增加。同样，文盲、无安全饮用水和像样房屋的人，以及没有足够柴火用于做饭和取暖的人也在增

---

[1] 小约翰·B.科布：《走出经济学和生态学对立之深谷》，马李芳译，广西师范大学出版社，2003，第112、117页。

加。在人所居住的这个星球上，"每年有 600 万公顷具有生产力的旱地变成无用的沙漠，有 1100 多公顷的森林遭到破坏"，地球已经不堪重负。现代社会已经是一个风险社会、人自身造就的全面问题社会。

所以，人与自然的矛盾到了无以复加的程度，已经成为发展问题的主要矛盾。人与自然协调发展，突出人在环境保护上的道德责任已经成为人类走出发展困境的唯一选择。因为，人类作为一种生物物种来说是属于自然界的，是自然物的一个特殊形态，是自然的多样性、丰富性的一个例证。人类的生命活动与地球生态系统的生命活动息息相关，自然界的持续发展是人类社会存在和发展的必要条件。人类的生产劳动和文明进步所需要的资源也离不开自然界，没有自然的长期演化以及在此基础上形成的必要条件，人类社会便无法生存和发展。

同时，人类的活动以直接的或间接的方式影响着地球的生态系统，人类社会的发展构成了整个自然进化的一个组成部分。人类的历史是自然史的一部分，或者说，是人类参与自然的进化过程。正如布克钦指出："以一种发展的、系统的、辩证的方式统观，不难确定和解释社会脱胎于生物世界，第二自然脱胎于第一自然。"他强调："第二自然远非人类潜能实现的标志，它为矛盾、对抗以及扭曲人类独特发展能力的利益冲突所累。它既包含着损毁生物圈的危险，也包含着一种全新的生态分配能力，这种能力是人类进一步向生态社会迈进所必需的。"①

当前中国社会发展是在对西方国家社会发展道路和我国社会发展历史反思和批判的基础上形成的。西方发达国家现代化虽然推动了社会经济的高水平发展，但以生态环境破坏为代价，走的是一种生态缺位的发展道路。因此，我国政府在国民经济发展时，要把生态发展的目标纳入其中，并以各级财政确保其有效实施，实现全面、协调、可持续的发展，实现经济、社会、人与自然的和谐发展，走生产发展、生活富裕、生态良好的文明发展道路，在全社会形成保护环境、节约资源的良好风尚。

---

① Murray Bookchin, "What is Soialecology?" in A. Michael E. Zimmerman（ed.）, *Environmental Philosophy*, Prentic - Hall,Inc., 1993, pp. 359 - 361.

二　可持续发展的生态伦理诉求

（一）可持续发展理念的形成

发展观是指人们对于发展的本质、规律、内容、要求、模式、战略等问题的认识。随着人们认识水平的空前提高，发展观日趋成熟和完善。概略来说，自近代工业革命以来，人类的发展观大体经历了以下这样几个主要的演化形态或历史阶段。

（1）单纯经济增长的发展观。单纯经济增长的发展观长期以来是一种占主导或者主流地位的发展观，其最盛行的时期是在第二次世界大战结束至 20 世纪 60 年代，各国几乎将发展等同于经济增长。实践表明，经济增长只是发展的基础和必要条件，单纯的经济增长并不一定促进社会、政治和人的发展。许多国家的经济增长并没有消除贫困、失业和不公平现象，相反，却导致严重的贫富两极分化、生态环境恶化和社会冲突加剧，甚至出现"有增长而无发展"的局面。这就充分说明单纯经济增长发展观的不合理性。

（2）以满足"人的基本需要为中心"的发展观。这种始于 20 世纪 70 年代，流行于 80 年代的发展观比单纯经济增长的发展观包含更多的科学合理性，反映了人类发展观的进步，取得了重要理论成果。但相应的发展实践表明，这种发展观仍然具有很大的局限性。首先是具有人类绝对中心主义倾向，将人的需要放在至高无上的地位，没有看到人与生态环境之间共生共荣的相互依存关系，结果发生了人为了满足自己的需要而大量破坏自然生态的后果。其次是这种发展观所要满足的只是"当代人"的基本需要，而没有考虑后代人的需要，结果是当代人为了满足自己的眼前现实需要而无节制地挥霍资源、毁坏环境，严重损害了后代人的利益。最后是这种发展观所强调的人的基本需要主要是人的生理层次的物质需要，相比之下严重忽视了人的精神文化层次的需要。这对于人的人格完善与全面发展是不利的。

（3）"可持续发展观"。1987 年世界环境与发展委员会发表的《共同的未来》这份重要的报告第一次明确给出了可持续发展的定义：可持续发展是既满足当代人的要求，又不对后代人满足其需求的能力构成危害的发展。可持续发展的提出彻底地改变了人们的传统发展观和思维方式，是对以往发展道路的深刻反省，是环境危机不断加重条件下的觉醒，它表达了当代人对深陷困境的忧虑和对摆脱困境的期盼，更体现了当代人勇于对未来承担责任的道德情感。同时，可持续发展的提出克服了片面地强调以物质的增长为中心或者片面地强调以人的需要为中心的发展观。

学术界普遍认同 1987 年《共同的未来》报告中关于"可持续发展"概念的界定。但是，部分学者对之持否定态度。如萨拉格丁认为，世界环境与发展委员会的定义在哲学上很有吸引力，但是在操作上有困难。① 而对这个概念，也有学者认为存在弊病，"可持续发展"的概念应该是"注重发展质量，使当代人彼此之间及其同自然界之间，真正做到平等、互利、协调共生，并能为后代人保持甚至开创更加强盛的发展态势提供必要的前提和条件的发展"。②

可持续发展主要包括生态可持续发展、经济可持续发展、社会可持续发展三方面的内涵，它所特别强调和重申的是资源环境的永续利用和人类代际公平，力主将人类的消费和生产规模控制在地球资源确能支持和环境确能容纳的范围以内，旨在确保人类能够世世代代地在地球上健康幸福地生活。可持续发展理念是在人类实践负效应的基础上，具体地说，是在社会经济和科学技术迅猛的、片面的甚至畸形的发展所引起的生态环境危机的基础上提出和形成的。③ 它确立了人与自然之间和谐相处、互利共生的思想，扭转了人类主宰自然、掠夺自然资源的传统思维范式。主张人口、经济、社会、环境和资源协调发展，同步进化，即在人与生态环境方面，要建立生态文明，维持平衡；在人与资源方面，要保持资源持续利用。这标志着人类对人与自然之间关系的重新认识和思考达到了一个新的高度，丰富和深化了传统发展哲学和伦理学。但"可持续发展"概念的模糊性，导致人们在发展问题上的模糊认识和理解。

这主要体现在以下两点。第一，发展的主体和价值导向不明确，即发

---

① 张坤民：《可持续发展论》，中国环境科学出版社，1997，第 25～26 页。
② 郑又贤：《可持续发展及其哲学意蕴新探》，《福建论坛》（文史哲版）1998 年第 5 期。
③ 陈中立：《论可持续发展的过程性》，《中国社会科学院研究生院学报》2005 年第 6 期。

展的主体是谁，是为谁发展。第二，关于人与自然的关系、人与人的关系（包括代内之间的关系、代际关系）以及二者之间关系的混乱认识。其关键失误就是没有正确理解人，进而影响理解人与人的关系、人与自然的关系以及人与人和人与自然之间的关系。从可持续发展理念自身观念组成的复杂性方面看，可持续发展的定义的完善必定有个过程。而且它的构成不是一个单一的理念，而是一个复合理念，它是由多种思想观念构成的一个新的复杂的观念系统。它包含反映多个方面关系的思想观念，或者更准确地说，它是一个反映多个方面思想观念变革后的新的观念统一体。从我国科学发展的实践来说，应在"以人为本"的前提下，用"人的可持续发展"对"可持续发展理念"加以具体化、清晰化，以体现科学发展观的内在要求、应有之义。

（二）"可持续发展"的生态伦理诉求

可持续发展观有着丰富的生态伦理诉求，概言之就是"和谐与发展、公平与效率并重"。强调效率原则和公平原则同等重要。也就是说，首先强调"代内公平"，追求并要努力实现当代人之间的公平。"代内公平"，指代内的所有人，不论其国籍、种族、性别、经济发展水平和文化等方面的差异，在享受清洁、良好的环境和利用自然资源方面享有平等的权利。这是主张同一代人应具有平等的生存发展权利，一部分人的发展不应损害另一部分人的利益。主张资源公平配置使用的原则，各国都有合理开发本国自然资源的主权，同时负有不使其自身的活动危害其他地区环境的道德义务。在同一个地球上的所有国家，都有积极维护整个世界可持续发展的责任和义务。可持续发展是蕴含生态信仰的发展，是物质文明、精神文明、生态文明相统一的载体。绝不是要以损害或排除当代人从自然界中应获得的利益为代价，相反，是为了更加科学地保证当代人的一切合法权益。因为人类在规范自己的行为时，会充分发挥本身的智慧和创造力，以更加有效的方式与自然进行合作，从而达到与自然和谐发展，共同受益的目的。

其次，强调世代人之间的纵向"代际公平"，追求并要努力实现当代人与未来各代人之间的公平。主张代际应具有平等的生存和发展的权利，既满足当代人的需要，又不损害后代满足其生存发展的需要。可持续发展的前提是发展，特别是对于发展中国家或欠发达国家来说，生产力水平的提高、综合国力的增强、人民生活水平的改善、资源的有效利用和保护、生态系统平衡的维持等都是以发展为前提的。但是，可持续发展的最终目标是"可持续"，自然资源数量和承载力都是有限的，强调发展要适度，眼前的高速度和高利润不意味着永远的高速度和高利润，眼前的较低速度和较低利润则可能是持续稳定高速发展的基础。因此，"可持续发展"意味着要把资源开发利用限制在长期承载力和发展能力范围内，要以不影响未来的发展、不影响子孙后代的发展为原则，发展不能以损害后代人的发展机会和破坏环境为代价。

最后，强调"全面公平"。具体表现为经济公平、生态公平与伦理公平的有机结合，它的价值取向是效率原则和公平原则同等重要，二者必须有机地整合起来，尽量做到以最少的不公平换取最高的效率，或者以最少的效率损失换取最大的公平。可持续发展的生态伦理诉求理念为理解人与人、人与自然以及人与人和人与自然之间的关系提供了科学的根据，认识到人与人的关系是更深刻的"关系"和人与人的关系是人与自然关系的前提和基础，人类应在实现可持续发展生态伦理诉求的要求下开发利用自然，规范人类对自然界的行为，从而使其他生命和资源获得公正和公平的待遇，使子孙后代拓展自由发展的时间与空间距离。

三 统筹人与自然和谐发展的生态伦理诉求

"人与自然和谐"的认识是对客观存在的生物与环境生态关系的规律和协同进化这一生态共同体的一般规律的正确反映，是基于生态规律的概括，它的要求和人与自然协同进化伦理本质上是统一的。人与自然协同进化是人类仿效生物与自然协同进化的规律概括出来的生存智慧，它指导正确地定位人与自然和谐的伦理关系。统筹人与自然的和谐发展不仅是"可持续发展"的根本性问题，也是科学发展的重要内容。统筹人与自然和谐发展的实质在于人口适度增长、资源的永续利用和保持良好的生态环境。人、社会与自然之间，社会内部各要素之间和谐发展，其中，人与自然和谐贯穿于科学发展的全过程，它要落实到每一代人的经济社会发展全部实践过程中。它的伦理意义是把人类道德关怀扩展到自然范畴，调整人与自然的关系，转变传统的征服自然为与自然和谐相处，因而是科学发展的伦理诉求的精华部分。

在地球生态系统的结构中，非人类之外的自然是一个不以人类的意志为转移的生态系统。这个系统，从局部透视，是达尔文所谓的"自然选择"价值系统。从系统整体上观察，它是一个协同进化的价值系统。这个价值系统在自然过程中自为自在，即以能量和物质为基础的食物链网方式存在，以及以生物群落与其环境依存和作用的方式存在。每一物种都占有特定的生态位，是一个距离性存在，即形成一定的空间距离分布和时间距离节律，体现其自身存在的内在生存规定的和有利于他物和整体系统健康的外在规定。这在人类看来，是不同形式物种的生存智慧，也是生态系统维持自然动态平衡的内在机制，具有不依赖人类评价和存在的固有价值。尊重这种价值，学会自我保护的同时也不伤害他物，实现自己的善也不破坏他物的善。这是人与自然协同进化的环境伦理，是一种明智的自我保护，也是对自然固有价值尊重的哲学，更是生态伦理立论的基础、根据和最终目标。

人与自然的关系有个历史演变过程。在原始发展时期，人类崇拜、依附于大自然的脚下。在农业文明时期，人类利用、改造自然，对自然进行初步开发。在工业文明时期，人类控制、支配自然，以自然的"征服者"自居。尤其是到了近代，人类开始直观地认识到人的生存和发展主要不是依赖自然的给予，而是依赖自己对自然的改造。为了有效地"改造自然"，人们不惜把对自然规律的"正确认识"看得轻而易举，并加以夸大和绝对化。随着对自然控制与支配能力的急剧增强，以及自我意识的极度膨胀，人类开始一味地对自然巧取豪夺，从而激化了与自然的矛盾，加剧了与自然的对立，人类也不得不面对人口剧增、能源短缺、臭氧层破坏、全球变暖、大气污染、水资源缺乏、森林锐减、土地沙化、水土流失、物种灭绝等生态危机。

所以，这要求人对自己的物质欲望有所节制，如果任由人的生物欲恶性膨胀，可持续发展就无法实现，最后会毁掉人类自身。同时，人更不应无所作为。"改造"并不等于"破坏"，"建设"也是改造，问题是必须在和谐、协调的原则下进行。

人与自然协同进化的生态伦理的标准，就是看是否有利于人类，是否有利于生态，也就是所谓"双标尺度"。这种"双标尺度"相对于人类中心主义的"单标尺度"。人与自然的进化实质是共同创造、协同进化。统筹人与自然和谐发展中的人与自然"共同体"协同进化是生态伦理诉求的基本思想。必须认识到人、社会与自然是一个统一的系统，人不在自然之外，更不在自然之上，而是在自然之中。在共同体内，人和自然既有相互依存的工具价值，又具有各自独立的自身价值。自然对人的工具价值在于它的可利用性，人与自然是互为尺度的关系。衡量这种价值的尺度在于人与自然共同体，这才是唯一的价值主体。这点认识建立在对人与自然发展规律的深化认识之上，要求由传统的单一、极端地向自然索取，战胜自然、征服自然、改造自然，转变为智慧地顺从和尊重自然、适应自然，研究把握生态平衡的规律、气候环境变化的规律、自然资源特别是不可再生资源的规律。以天地万物与人类社会的共生共荣或协调平衡为宗旨，主张人我和谐、人人和谐、人群和谐、人物和谐、物物和谐与天人和谐，并以人类社会经济文化的发展与进步和个人的全面发展为动力、为目标，坚持认为发展离不开和谐，和谐也需要发展，和谐既是发展的前提和基础，又是发展的理想和目的。

统筹人与自然的和谐关系要求人有权利利用自然，满足自身的需求，但这种需求必须以不改变自然的连续性为限度。人与自然的相互作用的连续关系动力过程具有多样性，决定了物种和生态系统变化的多样性。同时也不得不看到，协同进化表达的是生物与生物、生物与环境、生物物种与生态系统之间相互依存和相互作用的关系，既是一个生态学规律，也是生态伦理的基本原则。它是一种在人与自然的关系中"利己与利他"相统一的伦理原则。以往人类与自然的相互作用已经造成局部多样性生态的急剧恶化，正在超过自然关系动力的整体性的承受能力。所以，要改变以往人类与自然相互作用的方式、方位、规模和强度，坚持在相互作用中使人与自然走向共同创造，改变那种单纯资源观和工具主义的价值观，在整体生态系统稳态波动范围内，修补系统内部各个组成部分的人为创伤，促进生态朝着既益于生态又益于人类的方向发展。

总之，生态危机是以人类生存危机来惊醒人类的，是人类重新发现了自然、活生生的生命世界，人类世界是这个生命世界的组成部分，吃喝、生育和居住，这种同一性和连续性的根据不在人类也不在其他非人类，而是在地球生物圈中的结构和功能，也即地球生态是一个相互依存的世界，万事万物都处在相互依存中。对于人类世界的生存与发展而言，物种之间构成的生态系统乃至整个地球生态"世界"与人类世界、人与人、人与社会的共同体关系有着本质上的连续性、协同性。没有它的稳态的生态关系，人类存在与发展就失去了根基。应当说，人类有义务在利用自然的同时必须向自然提供相应的补偿，调整人对自然权利和义务的界限，以恢复人与自然的和谐状态。当然，这种和谐状态不是没有对立、生存竞争的状态，而是人与自然在共同体中的对立统一，是包含千差万别的协同进化状态。

第四节　以政府强制促动的城镇化的生态观照

一　当前以政府强制促动的城镇化的背景

诺贝尔经济学奖获得者约瑟夫·斯蒂格利茨（Joseph E. Stiglitz）认为，21 世纪影响人类进程的两件大事，一是以美国为首的新技术革命，二是中国的城镇化。另一位诺贝尔经济学奖获得者迈克尔·斯宾塞（A. Michael Spence）则进一步指出，城镇化能不能有序地开展，是对任何一个发展中国家政府能力的主要考验。

中国开始轰轰烈烈的城市化运动后，无数怀揣梦想的年轻人从乡村涌入城市，就是为了实现城市梦，以为以政府强制促动的城镇化运动进程会使生活变得更美好，可以实现在城市中美好生活的梦想。城市意味着健康、尊严、安全、幸福和充满希望。这一愿景古今中外至今概莫能外，马克思描述他那个时代的城乡差别，"城市本身表明了人口、生产工具、资本、享乐和需求的集中；而在乡村里所看到的却是完全相反的情况：孤立和分散"。[①] 只是现实中城市的美好，好像在雾霾中的阳台上看到的楼群一

---

① 《马克思恩格斯全集》第 3 卷，人民出版社，1956，第 57 页。.

样，只是"看上去很美"。

人们构想中的城市生活本身就是美好生活的象征。它本质上应是人们自主选择的一种生活方式。但是，现实中的城镇化进程不可抗拒与逆转，发展（也即城镇化发展）是第一要务。今天这个理念已不仅仅停留在政策口号层面，而是成为当今城镇化运动的航标了。作为一个处处感受到的强大的社会发展进程，城镇化运动进程呈现客观的不可逆转的趋势，人们并不觉得它是政府或政策单方面所为，并不是某一个政党或领导所能左右的，似乎是一种不以人的意志为转移的客观历史趋势。它就像全球化、信息化进程一样，政党和领导在这一进程中只起到推波助澜的作用。

随着我国城镇数量不断突破新的纪录，为追求更高的物质利益和生活水平，作为城乡分工下的现代城市与乡村具有独特的生态意义。而城镇化有个普遍的本质——欲望的物质化，而让欲望的物质化的实现的理想场所——城市都趋于雷同。同时，以政府强制促动的城镇化运动导致城乡进一步分裂。当然，我国的城乡分离在以政府强制促动的城镇化运动之前就存在，属行政性的隔离式分离。开展以政府强制促动的城镇化运动之后，工业势力、资本和市场渗透城乡各个角落，农民以自己的身份为耻、农业被工业替代、农村变成城市，原有的城乡分离转变成新的经济型的依附式城乡分离，人成了马克思笔下的"受限制的乡村动物"。而失去农村、农业依托的高度复杂的城市则成了文化的荒岛，人们的活动受到极大约束，成为单面人，成了马克思笔下的"受限制的城市动物"，城市生态脆弱得一触即溃。这使生态发展权利格局呈层级化，背离生态要求的整体性、动态性和平衡性，由此导致生态环境的不断恶化。这些问题一般都具有普遍性，治理的复杂性与长期性，正在对我国城镇化生存与发展构成严重威胁。

当前，新一轮的以政府强制促动的城镇化运动进程正是在这一宏观背景下发生的。我们认清当前以政府强制促动的城镇化运动进程的这些根源和实质，就是要将本末倒置的以政府强制促动的城镇化运动再次颠倒过来，进行重新认识并在理论、政策、实践方面重新定位、构想，以找到治理生态城镇化发展问题的良方。

二　以政府强制促动的城镇化的核心问题

许多学者也认识到城镇化必然带来城市生态乃至社会生态的恶化，给予的解读及诊治方略理论上的支点是可持续发展、依法治国、只要彻底就有希望，著述可谓汗牛充栋。但又认为问题只是城镇化的必然代价，而之所以付出这个代价，不是因为市场失灵，而是因为市场不完善。不能认为城镇化是罪魁祸首，相反，它是低水平城镇化和脆弱的生态环境相互作用的结果，使经济发展趋向生态化，进一步城镇化就成了可供选择的重要途径之一。而发展经济的关键是发展工业、完成城镇化，同时实现农业现代化，或者建设生态城市文明，发展绿色经济、绿色政治、绿色权力等，这些对策大多是在这个意义上提出的。

西方社会学家约翰·弗里德曼用了十多年专门考察了中国的城市化运动进程，著有《中国的城市转型与升级》，深感城市化运动进程给中国带来的严重问题。他从城市化运动的资金动力视角分析，认为城市化运动模式可作两种界定：城市营销模式和城市内生模式。前一种模式，从生态视角分析，与外延性城市化运动模式同构，就是一种城市间竞争模式。他说："我从来都不赞成城市之间的竞争。在我看来，这是个零和游戏，国家从中无法得到任何好处。"[1] 然而，城市间竞争就是城市化的竞争，这导致城市外延的无限扩张和内涵的无限升级，只有扩大才能保持城市对城市的竞争力。反过来这种扩大又加强了其吸引力，使人们都涌向大都市，以成为大都市市民为荣。这种恶性循环直到城市间竞争达到平衡以及乡村资源被榨取殆尽为止。

现代城市规划学的创始人、社会学家霍华德曾提出，城市和农村必须结为夫妇，这样一种令人欣喜的结合将会萌生新的希望，焕发新的生机，孕育新的文明。[2] 英国 200 年前就开始了城市化，也是追求城乡协调发展模式最早的国家，同时该国至今还是城乡发展比较协调的国家。但是我们

---

[1] 胡以志、武军：《"我从来都不赞成城市之间的竞争"——对话约翰·弗里德曼教授》，《国际城市规划》2011 年第 5 期。

[2] Ebenezer Howard, *Garden Cities of To - Morrow*, Cambridge, MA: The MIT Press, 1965, pp. 33 – 35.

现在不少地方的工作思路是把农村改造成城市，把农民改造成工人、改造成居民，然后把农业搞成工业。这种以消灭"三农"来达到城乡同质化发展目的的做法，早已被历史的实践证明是本末倒置的。正如长期从事农业研究的耶鲁大学教授詹姆斯·C.斯科特所说的那样：工业化农业和资本主义市场实践清楚表明了，强大的资本加上政府的力量成为均质化、一致化、坐标化和大刀阔斧简单化的推动者。① 其结果往往动摇了农业可持续发展的基础。

今天，以政府强制促动的城镇化运动把经济物质生活推到了首位，人们习惯于奢靡的经济物质生活，将它始终置于人们生活的高位而下不来。因此，以政府强制促动的城镇化运动和城市权力化在挤占农村空间的同时，也把自身置于昂贵的成本面前。发生这一转变的原因是以政府强制促动的城镇化运动达到了一定程度，城镇化从以土地与劳动力为核心转型与升级到以资本和权力为核心，生态生活是没有成本或成本低廉的生活，因而可持续；而反生态的生产生活则是成本高企的、不可持续的。高成本生产生活必然对人们的生命存在进行分梳，社会必然分裂。这已经逐渐为眼前的现实所证实。为了降低成本，资本更加肆无忌惮地掠夺资源导致生态恶化。当城市对农村的挤占达到一定程度的时候，自然物将被人造物所取代，资本就越发显示出不可替代的功能，生活的成本就日益攀升。即使是发达国家依然如此，这些成为发展中国家城市发展的标准范式，曾经在发达国家发生的生态危机，今天逐渐逼近我们国家。

在生态危机时代催生的生态信仰文化分析框架下，在生态视域中，以政府强制促动的城镇化运动给生态带来的破坏和对人们生活造成的破坏是显然的。以政府强制促动的城镇化运动之后，以权力与资本价值取代生态价值，原有的城乡隔离式的分离转变为依附性的分离，每一个体都力图按照自己理想中的城市生活改造城市，为实现这种虚幻的愿景而展开激烈的斗争，市民生活充满了焦躁和矛盾，人成为原子化的人，人与人进一步陷入分裂。关键的负面价值是它的正面价值麻醉了人们对其负面价值的关

---

① 詹姆斯·C.斯科特：《国家的视角——那些试图改善人类状况的项目是如何失败的》，王晓毅译，社会科学文献出版社，2004，第9页。

注，加重了城镇化运动进程的反生态性。

在实现中国梦、全面建成小康社会的进程中，人们充满了美好的愿景，这种愿景在以政府强制促动的城镇化运动进程中永远不可能也不愿意消除，实际上从中获得好处的不会是全体民众，只会是少数精英分子，它以牺牲一部分人的代价维持城市的美好形象。这暗含了城市是这一运动的中心，其他要素裹挟于其中，只能顺应这一大趋势。其中的原因是人们自身对美好生活的虚幻向往，而它实际上并不具有原本希望的含义。因为以政府强制促动的城镇化运动主要表现为资本及权力为其先导，出现了诸多问题，具有本质上的反生态性，不过是资本和权力居优势地位的集团控制了这种进程。如果由资本和权力所推动的、以政府强制促动的城镇化运动取代并引导人们的生态、生存与生活，将这种非生态化生活方式作为自己的"美好"梦想，本身就是饮鸩止渴，将极大地提高生态发展的成本。

三　基于主体生态发展权利定位以政府强制促动的城镇化

以政府强制促动的城镇化运动成为生态文明时代人们生活状态发生改变的一种表征，这种改变必须以生态动态平衡为根据，它的价值不在城市本身，而在城市的生态合理性，这样的城镇化就内含了人的道德情感和内在权利感。

对个性的单纯追求是人的生命的冲动，是生态的要求。保护城镇化的个性化发展，也就是对人的生命的尊重。以政府强制促动的城镇化运动的生态良性发展，就像诸多生态要素一样，都是多样性与共同性的统一。把城市个性化化为生态个性化的一环，尤其是我国文化个性化特征非常明显，不个性化就谈不上生态城镇化运动的意义。以政府强制促动的城镇化运动的生态量度，显然不仅仅是城镇化本身发展的生态权利问题，而是关乎城镇化改革和发展方向，关涉到我国农村生态、区域生态、国家生态发展，为我国生态发展乃至全球生态发展作出自己的贡献，这才是城镇化生态发展的宏观意义。

生态问题之所以构成问题，其实质就在于对人的生存发展利益构成威胁。权力与资本强制驱动造成人的异化，不利于人全面自由的发展时，对权力与资本膨胀的限制就成为必然趋势。这从根本上体现为此部分人与彼部分人、当代人与后代人之间公平生存的规范，体现为以政府强制促动的城镇化运动过程中在人与生态和人与人之间维持一种稳定的、使彼此存在的状态。

在以政府强制促动的城镇化运动进程中，权力与资本为个体或少数利益集团所掌握，权力与资本控制下的城镇化发展在各个领域的不同速度使其对资源的驱动发生失衡是导致生态失衡的重要原因。发展速度过快对各个领域均衡发展造成威胁，表现为一部分城市凌驾于农村和另一部分城市之上，造成了城市与农村、城市与城市的分裂。决策者盲目照搬城市模式，比如，决策者以城里人的眼光、思维进行乡村规划和村庄整治建设，错误地认为城里人所拥有的东西才是现代化的，才是优越的。城里人认为乡下人笨，需要把城里的一套办法灌输给农民，改造农业和农村。工业文明的思维模式保证了人类从神话、宗教和迷信中解放出来，但同时也将滥用权力和人类本性的黑暗面释放了出来。[①] 实际上，这是一种典型的工业文明思维。城市与农村相对应，是社会分工发展的产物，而现代城市是现代分工发展的产物。现代城市并不因其经济发达、生活便利而高于农村并得到优先发展，正如市民并不因其为市民而高于村民一样。当然，相比农村，城市因其文化优势、资本优势、地缘优势等不可避免地会具有优越感，完全做到生态平衡几乎不可能，但这需要通过制度设计和道德教育长期加以制约和改变。

因此，用生态的眼光看待国内以政府强制促动的城镇化运动，作为普通公众应承担起自己在城镇化运动中相应的生态发展责任，要突出强调政府在城镇化生态发展中的责任担当。这就应在城乡一体化背景下，体现在生态发展中的独特地位又能嵌入生态化发展整体格局中。而在以政府强制促动的城镇化进程尚未完结之前有必要重建一种基于主体发展的生态权利来定位的城镇化运动，即在符合生态整体发展方面，关注从个体细节到整个国家城镇化的行为及其后果，权力与资本的的作用保持在有限的范围之内，受到恰当的指引与限制，避免权力与资本带来的对资源的掠夺和无限度浪费，造成生态破坏。

---

① David Harvey, *The Condition of Postmodernity*：*An Enquiry into the Origins of Cultural Change*, Wiley - Blackwell,1990, p. 12.

第八章　生态乡村建设

第一节　我国生态乡村建设的关系动力逻辑

在十七大报告中，第一次以党的最高纲领性文件，把我国今后的文明发展阶段确定为生态文明阶段。实际上，自 20 世纪 60 年代由少数生态学家提出生态文明概念以来，到了 21 世纪初，绝大多数国家都已接受，并且成为联合国等国际组织的行动纲领。农业、农村是全国的生态屏障，作为大国，没有农业、农村，城市也就无法生存和可持续发展。这种生存不仅是供给意义上的，更重要的是一种生态性的保障。著名经济学家、生态学家莱斯特·R. 布朗认为，许多早期文明都走上了让自然无法承受的经济发展道路。我们目前也同样走在这条道路上……而今天的形势更具挑战性，除了森林缩小、土壤被侵蚀之外，我们还必须解决地下水位下降使农作物枯萎以及热浪频繁、渔业衰败、沙漠扩张、牧场退化、海平面上升、物种消失等问题。在解决这些问题的同时也提醒我们，农村发展的模式以及工业发展的模式应当向生态文明渐进和转变。[①] 所以，生态文明必然首先基于农业、农村的生态的保护与改善，大力推动我国的生态乡村建设正当其时，非常重要。

关系动力逻辑从本质上来说是一种共生、竞合关系逻辑，在关系共同体内主体的"合作"与"竞争"是互补关系，竞争是为了合作，合作是更高层次上竞争的展开，以谋求关系动力的最大化。关系主体之间具有非竞争性与非排他性。对关系动力的使用只会增强彼此的关系动力，而不会减

---

① 莱斯特·R. 布朗：《B 模式 2.0：拯救地球　延续文明》，林自新、暴永宁等译，东方出版社，2005，第 12 页。

少或使另一主体的动力丧失。也就是说，关系主体作为一个共同体存在，每一关系主体在合作、竞争中形成一种共生的关系动力，每一关系主体使用的关系动力都是关系动力总量的一部分。对我国来讲，社会主义新农村建设是在"五化"的大背景之下开展的，即城镇化、工业化、市场化、信息化和全球化。因此，当前建设美丽乡村，把生态乡村建设深度推进，需要全面分析生态乡村建设的关系动力逻辑。

一 生态乡村建设的循环经济维度

生态的价值是无限性与有限性的统一，如果人类不主动去"修复"被破坏的自然环境，生态的价值就从无限转为有限，且其价值会越来越小。只有在改造自然的观念中融入建设或修复自然的观念，生态发展才能步入良性循环的状态，源源不断地提供给人们需要的产品。因此，为了人类的生存与发展，为了人类的持续进步，必须改变现有的发展方式，合理利用自然并有效进行修复，造福子孙后代。实践证明，循环经济建设是解决"三农"问题最为有效的途径，能够避免传统发展模式所带来的高投入、高消耗、高污染、低效益的不良影响。

农业生产作为人类生存与发展的基础，具有不可替代的基础性地位。而随着经济社会的全面发展，当前的农业生产已经成为农业生态环境甚至是整个生态环境的主要污染源之一，其对人类整个生存环境的破坏和影响不容忽视。如果农业生产不改变现有的农业发展（生产）方式，乡村的生存空间里将不再有可以利用的物质存在，生态乡村将变成一种奢望。事实上，农业的可持续发展是人类社会和经济可持续发展的基础，生态农业既合理利用资源，因地制宜地发展农业生产，又保证自然资源的永续发展，使资源得到永续利用。而且促进农业、农村可持续发展，为人类生存创造更加有利的生存空间。可见生态乡村建设的任务不仅是保护生态环境，创造一个好的居住环境，还包括生态农业的发展。

随着系统论和生物物质循环理论的引入，生态乡村循环经济建设理论会更加完善，而生态乡村循环经济建设在实践中总结出来的经验，也更丰富了生态乡村循环经济建设理论，这些都为我国生态乡村循环经济建设发展提供了理论支撑和实践指导，为我国未来现代农业发展指明了方向。

充分重视和遵循循环经济与生态乡村建设的关系动力逻辑，就要坚持清洁生产、循环利用、节约能源，不断创新、革新流程，充分体现农业资源节约、生态环境友好，即以科学发展观为指导，遵循自然生态和经济发展规律，通过最科学地利用农业资源、最有效地保护农业生态环境，以最少的资源消耗获得最大的农业经济效益和社会效益，实现农业的可持续发展，建设生态乡村。因此，以农业循环经济为主要实现形式的生态乡村是生态发展的最有效载体，是我国实现乡村现代化的最有效途径、必然选择，是对传统农业发展观念、发展模式的一场革命。它涉及自然生态和人类社会的多个方面、多个层次和多个系统循环经济发展，对生态乡村有以下好处：一是有利于促进生态乡村生活环境的根本改善；二是有利于实现农业经济增长方式的根本性转变；三是有利于促进农业资源的综合利用和开发；四是为建设生态型城镇村找到了有效的实现形式，不断提高城乡各种资源的综合生产能力，实现城乡统筹协调发展；五是有利于防治污染，实现农业的可持续发展；六是为农民提供更多的创业门路和就业机会，从而为农民增收，走向富裕开辟新的途径。

二　生态乡村建设的生态信仰文化自觉

在中国传统农业生产条件下，自然价值往往被认为是无限的。主体只是向自然单一索取，而在思想意识里并没有建设和自然的概念。这是因为在历史发展过程中生产力水平较低下，主体对自然界的"破坏"很快就能被自然界自我"修复"，人们在经验中得出自然界的价值无限的错误结论。而随着传统农业生产方式的逐步改变，农业机械化程度的不断提高，人们"破坏"自然的能力成倍增长。如此，被破坏的自然不能很快被自身所"修复"，甚至有的地方根本不可能被"修复"，这就需要主体重新认识自然界价值的特性以及生态信仰文化的关系动力自觉。

在生态乡村建设过程中，一定程度上资源耗竭问题不可避免。生态本身是可以实现物质生产向自然索取满足人类需求的农产品和进行农产品生产过程对大自然的修复的；生态乡村建设与生态信仰文化的关系动力逻辑要求利用自然与复活自然实现人与自然和谐共生，正确认识和利用大自然的自身规律，按照物质流、能量流和价值流的流动规律与转化过程来进行生产、生活。在物质变换和层级转化过程中，实现物质、能量和价值的充分利用，以实现物质转换和能量流转过程中的物尽其用和生态上的"零残留"或"零排放"。那么这种对自然规律的认识和利用，就必须从根本上转变农业、农村生产生活方式，大力发展生态农业，维护我国乡村生态环境。按照这样一种生产发展方式、生活模式，就不会像以往那样，根据人类的需求，单一地向自然进行索取和榨取，既不管自然的承受能力，也不管物质变换的应有规律，将人类无限的需求诉诸自然。于是，为了满足人类的食品需求和不断膨胀的物欲，产生了不断提高产量的技术，一系列的"先进技术"应用于物质生产导致的后果就是物质增加了，可是环境破坏了，物质生产过程中产生了大量的本来可以很好利用的"废物"，这种不可持续的发展方式已经到非改不可的地步。

到了今天这个历史阶段，在经历了战胜自然的喜悦之后，我们已经具备利用自然与修复自然的生态信仰文化自觉的能力。首先是要在利用自然的过程中修复自然，让那些过去作为废物的物质重新作为有价值的原料进入物质循环过程。而同时更重要的就是在利用自然的过程中，让这种利用变成对自然的修复过程。这是一种既满足了现有又惠及了未来的发展方式。

现代工业文明，是先进生产力的重要体现。人类社会只有在继承工业文明发展的先进内核的基础上，才能在更高的程度上实现生态发展，才能真正解决生态问题，促进生态文明时代的到来。生态信仰文化的践行自觉不是不要发展、不要开发建设，而是要彻底纠正人们在这个过程中只注重经济利益而忽略人的主体价值及自然价值的价值观偏差，把科学发展作为思想武器，应用到生态信仰文化的践行自觉的实践中。同时，生态信仰文化价值实效绝不是在一片空地之上实现的，它是在抛弃工业的弊端、继承其科学合理的成分的基础上形成并发展起来的。生态环境的保护和建设需要遵循自然规律、经济规律以及人文社会科学的规则。因此，生态信仰文化践行涉及生态学、环境学、技术学和社会科学等方方面面的内容。

三　生态乡村与城镇化的关系动力逻辑

建设生态乡村是国民经济发展、社会安定、国家自立的基础，是深化改革开放和全面建成小康社会的重大任务，也是落实以人为本，全面、协调、可持续的科学发展观的重要组成部分。然而，不少地方在生态乡村循环经济建设与城镇化关系上存在认识与实践上的错误逻辑。比如，把生态乡村建设等同于城镇化或仿城镇化建设，以致生态乡村建设成了变相的乡村城镇化了。城镇化与乡村发展，似乎有种此消彼长的趋势。城镇化进程，往往是对乡村的土地与人口等资源的挤占。城镇化正在取代传统乡村，所谓"乡村正在终结"。

当前生态乡村建设遇到的最直接最大的问题是城乡关系的异化。快速膨胀的城镇化发展，改变了传统的城乡之间的关系，特别是大都市的急速发展，不断侵蚀着郊区的土地和发展空间，让原本紧张的城乡关系更加凸显。比如，城镇化人口的爆炸式增长，使供应城镇的粮食不断增加，要求农业生产必须提高生产率，提高农产品的供应能力。同时，还要不断增加总产量以满足不断增长的总人口对粮食等各类农产品的需求。实际上，人们对生态农产品的消费需求提高了。这是一种新的消费理念，并且要求会越来越高，农业生态环境的恶化与人类对安全农产品的需求形成了直接的矛盾。另外，城镇化人口的增加和城镇化的快速推进，其中包括众多的农民工进城工作，造成了严重的"物质变换裂缝"，也即城镇化的高速发展"拉"走了大量的"高素质"人才进城进行城镇化建设，留在乡村的大多是老弱病残，这些综合能力相对"差"的主体进行农业生产，势必造成生产效率低下，或者说利用科技能力弱，接受新技术能力差，造成城乡差距进一步拉大，特别是城乡综合建设水平的差距在不断扩大，城乡之间的基础设施建设差距不断拉大。

在城乡交往空间日益扩大与复杂性日益增加的形势下，在城乡交往一体化不可超越的历史场景下，生态乡村建设进程中出现的问题与矛盾表面上看是资金、技术、产品等生产性要素的流动问题，背后实际上是人及其利益关系的多因素互动，是乡村职能、行使权利的方式以及如何处理乡村与城市及整体利益的关系动力逻辑问题。

无疑，继工业化之后，城镇化将成为中国经济社会发展的巨大引擎。中国这样一个具有几千年农业文明历史的农业大国，将进入城市社会为主的新成长阶段。因此，生态乡村是城镇化的一个结果，更是一个过程，即建设生态乡村是一个开放的复杂巨系统，它不仅是乡村建设问题，而且是一个包括社会、政治、科学、教育、文化、生态等的有机系统。

当前，在城乡差别存在的前提下，城市代替不了乡村。这意味着当前和今后一个时期，我国处于工业化、城镇化快速发展阶段。城市与乡村在经济社会生活中的功能性差别不可能也不应该被消除。城市不可能取代乡村，二者间是存在本质区别的，它们是两个不同的过程，起因、进程、后果以及各自所要解决的问题都不尽相同。混淆城市、生态乡村、乡村的城镇化的关系动力逻辑，必将城镇化过程中的一些做法简单地套用到生态乡村建设中，如不切实际地赶农民上楼，人为取消城市与乡村。正如2011年时任总理温家宝指出的，乡村建设还是应该保持乡村的特点，有利于农民生产生活，保持田园风光和良好生态环境。[①]

遵循经济社会发展规律，立足我国基本国情农情，建设生态乡村，确保生态乡村建设取得新的进展。这是新时期指导"三农"可持续发展的新方针。这一方针反映了解决"三农"问题只能靠农业自身功能的增强、产业链的延伸和经济发展方式的转变。因此，在城镇化进程中，要充分发挥我国广大农村市场潜力大的优势，生态乡村建设要适应辐射和城镇化发展联动的总体要求，也即高度重视乡村生态系统、城市生态系统的一体化的关系动力逻辑，进一步解决农民、农业和农村问题，在和谐社会思想和科学发展的指导下，把传统乡村建设成为"生产发展、生活宽裕、乡风文明、村容整洁、管理民主"的社会主义新型农村。其发展与改善需要在生态乡村建设中探讨、认识和把握生态乡村建设的核心，即把握城乡一体化发展的规律和模式，促进调整城乡产业和经济结构，生产更多的优质农产品，满足人们多样化的需求，使城乡生态、生存与生活和谐、有序发展。

比如，发展农业生产，提高农民收入是生态乡村建设的基本前提和保障。发展需要市场，城市与乡村在产品和要素两个方面互为市场关系，农民仅仅靠单干种粮难以从温饱走向富裕，必须在生态乡村建设中打破不能有效地向城市提供更多的生产要素的现状。就生活来说，社会存在决定社

---

① 温家宝：《中国农业和农村的发展道路》，http://www.moa.gov.cn/zwllm/zwdt/201201/t20120117_2458139.htm。

会意识，物质决定精神，所谓"仓廪实而知礼节，衣食足而知荣辱"。城镇化发展的背景下，就是在生态乡村建设中，在传统生活向现代乡村生活转变的过程中，让农民享受现代文明生活成果。城市中的一些好的生活方式要引入生态乡村中，加快城市文明的扩散，使城市文明与生态乡村建设良性互动，为生态乡村建设提供有效的精神文明保障，从而对生态乡村建设产生一定的推力。就生产来说，城乡资源持续高效利用，不仅可以改善生态环境，还可以推动无公害农产品、绿色食品的发展，达到既开拓乡村市场又为乡村提供更多生产要素的目的，是坚持内需为主、扩大消费、跨越"中等收入陷阱"、实现经济增长动力转换的发展战略的重要举措，对提高农产品质量、完善农产品安全体系、提高农民生活质量等发挥着积极作用。

第二节 以农民为主体的生态乡村建设对策

一 以农民为主体构建城乡一体关系

早在党的十七届三中全会上就指出，我国总体上已进入以工促农、以城带乡的发展阶段，进入加快改造传统农业、走中国特色农业现代化道路的关键时刻，进入着力破除城乡二元结构、形成城乡经济社会发展一体化新格局的重要时期。而随着我国城乡交往一体化的发展进程，农民在城乡交往中扮演越来越重要的角色。诚然，城市在城镇化交往关系中将长期居于主导地位，但是，在当代发展背景下，泛乡村经济、文化组织的作用将进一步加强，城市在发展中的主导权及其行使的范围正在由于一个与城市有着相互依存的乡村的存在和发展而变得越来越模糊并日渐缩小，城市不得不接受城乡交往一体化的裁决与现实安排。比如，传统城乡关系动力的主体建构是有稳定和固定身份的，城市就是城市，乡村就是乡村，城乡关系动力的主体身份总是可以清晰界定的。然而，当代城乡关系方式实现了我国城乡交往关系史上的巨大跃迁，它促成了关系主体的不稳定身份，主体之间清晰的界定也将消失。

因此，我国的城镇化与乡村的发展，要避免片面的此消彼长的趋势。

城镇化不是取消乡村，迫使乡村走城镇化的道路，而是城市与乡村发展进程中的相关动力因素在一体关系动力需求的基础上，实现资源共享、风险共担、利益均等、共同发展，逐步建立兼顾各方利益的动力体系，合理展现各方实际建设现状，整合、协调城乡建设资源。实现城乡关系动力从单一化到多层化、多样化和多维化，关系的空间从地域化转向流动化，关系的内容转向经济、政治、文化等全面的一体化关系。

受历史发展的影响，我国广大乡村数量众多，规模小且分散，生态乡村建设速度慢、效益低。同时，大多地方简单地把生态乡村建设等同于城镇化建设，以致生态乡村建设中出现种种难题。为了更好地推进我国生态乡村建设，要深入分析在深度推进生态乡村发展中出现的突出问题，进行有针对性的研究，为生态乡村建设提供更好的理论支持与保障。其中，要结合发展中的问题与生态文明建设中的问题与规律，具体分析在农民主体自觉，城乡一体化背景下生态乡村建设的一般对策与深度推进的关系动力，才可能使生态乡村建设的成本与风险大大降低。比如，城市中的一些好的生活方式要引入乡村中，使城市文明与城乡关系良性互动，为城乡关系提供有效的精神文明保障。

城乡一体化主要体现为资本的城乡交往一体化、产品的城乡一体化和城乡文化一体化等。在城乡差别仍长时期存在，城市与乡村互相都不能取代的前提下，高度重视城乡主体交往的强关系的发展动力作用，有力促进城乡人力、资本、商品、服务、技术和信息等生产要素和资源配置、流动。当前提出以农民为主体建构城乡一体关系表明当代我国社会发展观的转移，以及城乡关系的网络化和丰富化，是生产力和生产关系大解放的客观需要，将保障全体人民共享经济社会发展成果，促进国民经济持续全面发展。

农民主体自觉的现实性表现为农民的活动是城乡交往一体化的重要内容和力量。首先，作为城乡交往一体化中最重要的基础和载体，农民把当前城乡交往一体化浪潮推向各地，从而城乡的各种交往联系也越来越密切，农民日益成为社会化大生产的组织者、参与者，不少农民的经济实力已超过一些城市市民的经济实力。其次，城乡交往一体化的影响已渗透城乡交往的政治、意识形态、价值观念、生活方式，甚至包括乡村之间的关系，并正冲击着传统的乡土观、亲情观、乡村观，改变着人们的思维方式，使乡村追求利益的方式和方法发生改变。最后，信息技术使城乡交往的迅捷性、关联性、互动性、开放性增强，效率大大提高，成本大大降低，推动了以农民为主体的城镇交往关系的现实性。在经济、信息、生态、技术、文化大发展的前提下，可以看到农民的生活日益失去了固定界域的限制，被投入一个前所未有的生活形式当中，农民的认识和活动信息化、世界化了，与城市市民一样，农民也与"全球化""流动的生存空间"不再陌生。

总之，生态乡村建设必须基于城乡一体强关系动力需求，培育农民在建设过程中的主体自觉，合理展现各方实际建设现状，整合、协调城乡发展资源，更加强调农民的主体地位，实现城乡交往一体化的核心关系动力，让农民分享发展成果，使生态乡村建设的成本与风险大大降低。

二　制约农民主体动力发挥的影响因素

从 2005 年十六届五中全会通过的《中共中央关于制定国民经济和社会发展第十一个五年规划纲要建议》中提出社会主义新农村建设以来，社会主义新农村建设活动已经实践一段时间。在此过程中，成绩是巨大的，但也出现了一些值得高度重视的问题。正如李克强总理强调的，改善农村人居环境承载了亿万农民的新期待。各地区、有关部门要从实际出发，统筹规划，因地制宜，量力而行，坚持农民主体地位，尊重农民意愿，突出农村特色，弘扬传统文化，有序推进农村人居环境综合整治，加快美丽乡村建设。[①] 然而，当前及今后制约生态乡村建设进程中农民主体动力发挥的影响因素依然存在，突出表现在以下几个方面。

第一，农民的发展主体意识不强。正如仇保兴分析的，我国传统封建文化中的"为民做主""替民办事"，扼杀和阻碍了农民的创业自信心和民主意识的提高。农民产生了依赖思想，认为只要上级派来一位"青天"就可以为他们包办一切。其中，现阶段农民群众不成熟的民主意识以及沉默

---

① 《习近平就改善农村人居环境作出重要指示　李克强作批示》，http://www.gov.cn/ldhd/2013 - 10/09/content_ 2502912. htm。

的习惯，也助长了一些干部"将政绩刻在地球上"的热忱。他们的共同点是特别希望用国家的权力为农民的劳作习惯、生活方式、文化习俗和世界观带来巨大的、乌托邦式的变化。①

第二，我国发展战略的价值偏向。乡村的发展是现代化进程的重要推动因素，就城乡关系动力来看，乡村为城市经济发展提供了广阔的消费市场。如果"三农"问题得不到及时、有效解决，乡村发展滞后，必然带来农业资本规模缩小和农民消费水平的低迷。众所周知，新中国成立以来，我国的发展战略改变了以乡村为重心的道路，不再把注意力集中于乡村建设，在以发展资源日益分流和分配等级化为特征的发展观下把力量几乎都放在了城市，以及重工、军工方面。当前，发展中国家普遍处于一个以城乡边界迁移、权威重构、传统乡村衰落和城镇化等诸层次上的激增为特征和标志的时代，我国从发展战略上来看应该有重大调整与作为。

第三，领导层面上更存在认识误区。认为生态乡村建设等同于城镇化或仿城镇化建设，甚至以乡村城镇化取消了乡村的独立主体地位与功能。于是，城镇化进程中出现大量对乡村的土地与资源的挤占、侵占，以致城市发展中的问题，诸如生态破坏、资源枯竭、金融风险等必然影响乡村发展，给乡村、农民生存安全带来风险。

第四，城乡交往一体化进程中经济的、生态的、文化的和政治的行为联系日益紧密，作用日益增强，对城乡交往的主体、权利和角色认同构成了挑战；诸多城乡矛盾的出现也正冲击着传统的城市发展观念和乡村治理方式，对传统的城乡交往的治理理念、方式以及利益协调机制构成了挑战。

第五，当前城镇化的发展使资本流动趋势增强，速度日益加快。一方面，这可以促进资源在城乡交往一体化格局内得到合理配置，从而促使资本更加自由化；但另一方面，也增加了城乡关系中的投机行为与金融风险，对生态乡村循环经济建设有着突出的消极影响。这种风险传递效果的高效率和瞬时性，昭示了农民的生态文明意识和风险意识是根本和关键，

---

① "Control in Bangladesh," *Environmental Management*, 1990 (4): 419－428. 仇保兴:《生态文明时代的村镇规划与建设》, http://www.mohurd.gov.cn/jsbfld/200903/t20090316_187287.html。

以及当前生态乡村建设风险控制的迫切性与重要性。农民主体动力发挥尤其需要规避城镇化进程中对乡村与农民的生产、生活带来的生态风险与金融风险。

农民作为乡村的基本组成分子，是生态乡村建设的主力军，搞好生态乡村建设，必须要从农民自身开始。事实上，在城乡关系中，各类矛盾和风险的关联性、互动性、高依赖性、开放性和即时性大大增强，城乡社会一体发展的运行状态与各种矛盾的不确定性、脆弱性也因此大大增强。以农民为主体，必须改变上述不遵循乡村发展的规律，变相城镇化、盲目城镇化，破坏乡村生态文明的做法，提高领导执政能力。

三　物流发展与生态乡村建设逻辑分析

（一）现代物流与生态乡村建设的关系动力逻辑

生态乡村建设要以农民为主体，促进乡村发展，更好地实现城乡一体交往，这就需要调整农业产业结构，延长农业产业链，与现代大市场连接，发展与大市场相对应的大生产。现代物流的发展拉近了农民与市场的距离，有利于增强分工协作关系，培育和塑造农民成为市场竞争主体。

我国市场化程度不高，其重要的原因是人流、物流、信息流的流通不畅。随着我国经济持续高速发展和对外开放不断扩大，现代物流的落后越来越制约整个经济的总体质量和抗御经济危机的能力。从乡村现代物流业发展现状来看，现代物流发展中存在的问题突出表现在乡村物流发展在总体上处于一个非常低的水平。农产品物流渠道混乱，市场无序运行，结构固化、活力不足，导致农产品的不合理价格生成机制，农产品利润分配不平等，广大农民生产的积极性降低。长此以往，将导致乡村经济增长动力不足甚至增长停滞。

物流业与市场经济相辅相成，使得乡村在配置社会资源方面能力得以提高，质量得以提升，规模得以扩大，农产品的生产与流通实现最好的关系动力。因此，2011年底中央经济工作会议提出加强城乡市场流通体系建设。在《国务院办公厅关于促进物流业健康发展政策措施的意见》中，提出把农产品物流业发展放在优先位置，加大政策扶持力度，并鼓励大型企业从事农产品物流业，提高农产品物流业的规模效益。

随着现代城乡一体物流业的迅速发展，通过完善的城乡一体物流网络还将巩固资本的扩展与生产、消费的一体化，开辟真正的城乡交往市场，构筑城乡交往一体化的流动空间。现代城乡一体物流业作为全面协调规范不同经济发展水平下乡村地区的产业发展、资源利用与保护、环境保护、社会事业发展等方面的中介环节，可使城市的吸引作用和辐射作用得到发挥，城市的各种生产要素就可以辐射到乡村，满足生态乡村建设所需要的资源（自然资源和经济资源），将促进城市与乡村的协调有序发展。

当代信息科学技术革命使时空观发生了巨变。对于城乡的一体交往关系来说，城市与乡村在空间、时间距离上被弥合了，以至于不同城乡、区域的交往不再如传统社会里那样是相互隔绝的，甚至老死不相往来的。实际上，农民的生活更多地依赖城市，农民与城市的发展联系更加紧密。因此，信息化是生态乡村建设战略建构的有力保障。

现代物流的发展当然也离不开信息化，大容量、高速度的现代信息通信使人们冲破了地域与时间距离的阻碍，卡斯特·曼纽尔曾认为，传播新体系和信息新技术的信息发展模式正造成"从空间地域（places）到流动和渠道（flows and channels）的转变，这就等于消除了地域对生产消费过程的影响"。① 在城乡差距还存在的情况下，城乡一体的物流，可以时间换空间，或以空间换时间，缩短乡村人与城市生活的距离，实现有效的、高速的城乡交往。

所以，要把资本的投入与知识和信息技术的投入结合起来，加大乡村信息网络建设力度，加强电信基础设施建设，发展和普及宽带业务，利用计算机网络技术，建立信息交往平台。通过资源信息库和农业科技网站，整合信息资源，让信息技术贯穿生活、生产的每一个环节，实现信息共享、降低成本，减少信息不对称所带来的流通风险。同时，提高农民的信息素养，进行相应的信息技术培训，从而实现合理、快捷、高效的生产、生活要素配置，推动生态乡村更快、更好发展。

总之，我国在经济快速增长的同时，现行的农业经济发展模式存在严

---

① 卡斯特·曼纽尔：《网络社会的崛起》，夏铸九等译，社会科学文献出版社，2001。

重的高能耗、高物耗和对环境的高污染问题，对自然生态环境破坏严重，直接危及生存空间，导致局部经济发展停滞、下降。同时，由于多年来片面地追求实物产出量和经济效益，带来的消极面是乡村生态环境、城市生态环境不断恶化，已严重制约城镇化的可持续发展和危害城乡居民的身体健康。要实现城乡可持续发展，建设秀美乡村，必须在大力发展城镇化背景下，基于现代物流的发展深入推进生态乡村建设，实现发展的社会效益、经济效益与生态环境效益的统一和平衡。

（二）绿色物流：城镇化与现代物流下生态乡村建设的必然逻辑

"绿色"发展之路是当今发展观的一个共识，在2012年的世界未来能源峰会上，温家宝指出"中国坚定走绿色和可持续发展道路"。关系动力逻辑要求从现实性出发，抓重点，协调各方，互相促进。当前，生态乡村建设的头绪很多、任务繁杂，最好的关系动力逻辑应是一个相互关联、相互衔接、不可分割的动力系统。因此，生态乡村建设要协调好现代物流业的发展与城镇化背景的关系动力逻辑，力促城镇化、物流与生态乡村建设三元关系相互依存并进。其中，充分发挥生态乡村绿色物流的中介作用是三元关系的必然动力逻辑，从而使生态乡村绿色物流获得可持续发展动力。

生态乡村建设视野下城镇的现代绿色物流，可以时间换空间，缩短乡村居民与城市生活的距离。在存在城乡差距的情况下，可以通过以空间换时间，对乡村绿色产品资源进行合理开发与利用，促进城市的有技术含量和发展潜力的资源实现共享，推动资本主体进入生态乡村建设中，促进农业结构升级，缩短农产品的流通周期，促进乡村的规模经营。

现代物流的发展也要遵循循环经济模式，即"资源—产品—再生资源—再生产品"的环形物流模式，核心目标是在整个物流系统中尽量地避免和减少废弃物，力争实现物流资源与废弃物的多次性利用、节约型经营、少排放和少污染，从根本上解决环境与发展之间的矛盾。所以，要避免资源的浪费与不切实际，适应农业、乡村与农民的特点，以集贸市场、小商品批发市场为主要抓手，重点建设以县域为基础的生产资料、农产品流通网络体系。鼓励和支持连锁超市、专卖店、便利店等现代物流业态与农产品绿色物流结合，形成辐射县域、乡镇、乡村的物流网络。因此，城乡一体的物流网络与物流园区在生态乡村中正发挥着重要作用、承担着重要功能。可在有条件的城乡遵循循环经济原则建设现代物流中心，以点带面，在区域发展层面上带动生态乡村高效发展。生态乡村绿色物流发展亟待解决的大问题就是构建一个多元主体资本系统，包括农户、生产加工商、销售商等若干关系节点企业，只有如此才能使农产品绿色物流系统顺利运作。

当前，在生态乡村建设中，我国大多数的农民受自身文化素质、市场经济意识等方面条件的限制，缺乏对市场信息的分析、选择能力，出现了某些农产品供过于求，某些农产品又供不应求的现象，造成农产品物流渠道混乱，农产品市场无序运行，难有竞争力。尤其在技术水平层面上，农产品绿色物流技术水平低，专业人才匮乏。比如，从农产品仓储水平看，发达国家农产品冷藏技术、防虫害技术、保鲜技术等已经普遍使用，而我国却无法大规模推广这些农产品储存技术。每到农产品大丰收时节，许多农产品烂在田间的现象时有发生，导致大量浪费与污染。同时，现代乡村物流业的发展需要在农民中进行农产品绿色物流教育，在认识、思想层面，坚持正确的价值导向，推广农产品绿色物流的内涵做法，改变农产品传统的生产、流通方式。因此，生态乡村建设面临劳动力、人才短缺问题。

在这个问题上，政府可以有所作为，即要在城镇化指导下整合城乡劳动力、人才的一体化发展，积极开辟和培育生态乡村建设的劳动市场（人才市场），把物质与精神鼓励结合起来。这里，精神鼓励的方式是多种多样的，物质鼓励原则的作用范围也是很宽广的，如此，才能更好地吸引大批人才参与到生态乡村建设中。当前，选聘高校毕业生到乡村任职，充分发挥其知识优势和所学专长。比如，加强对农民进行农产品物流的教育和培训工作，增强农民绿色物流观念等，为发展循环经济、建设生态乡村贡献力量，将有效地解决人才短缺问题。

生态乡村建设要坚持生活、生态、生产的需要原则。其中的关系动力结构逻辑在于发展的核心是老百姓的生活、民生问题，不以生活为核心的生态乡村发展是难以持续的。正如有研究者指出的，"当前解决'三农'

问题的核心应是重建农民的生活方式"。① 大力发展现代物流，可加快外部资源向生态乡村建设的流动，拓宽生态乡村建设与发展空间，改变小农经济不能快速、便捷地消费城市提供的产品的现状，实现生存环境明显改善，健全生态乡村建设中的市场服务体系，从而提高农民的生活质量。所以，大力发展农产品物流是调整农业产业结构、促进农民增收、推进生态乡村建设的一个有效途径。如果"生态乡村建设首先是人的发展"成为一种常识，那么，生态乡村同样让生活更加美好。

（三）大力推动生态乡村电子商务发展

城乡一体的电子商务的发展，对生态乡村建设、提高农民生活水平、培育农民的主体地位有着积极意义。如可以有效提高乡村市场流通的现代化水平，提高乡村信息化水平，带动乡村信息化建设，促进乡村基础设施和技术的改造和革新，有助于实现乡村物流的现代化，有效调整乡村经济的产业结构，完善农业社会化服务体系，分散和降低农民的经营风险，提升农民的市场主体地位，等等。可以说，生态乡村电子商务是一个长期发展的方向，在乡村网民数量增长的基础上，通过网络销售农产品和特色商品，开辟了一条全新的城镇化背景下的生态乡村发展之路。

我国已经成立全国生态乡村商务信息化建设和城乡信息一体化建设的专门管理机构。该机构与全国各省、市、县三级人民政府通力合作，共同组建了由当地政府直接领导的"城乡信息一体化领导办公室"，其主要工作任务是在当地政府的大力支持和推动下，以国家"十一五"重点建设项目——"中国数字乡村网"为平台，通过公开招标和严格考核确定当地分站项目的实施单位及资本方，并通过该项目的统一带动与整合，有序组织当地商业企业和个体经济人规范上网和信息化运营。国家对城乡信息产业的发展规划和对"中国数字乡村网"的具体要求是，截至 2017 年，即第三个三年规划完成时，打造具有强大主导和巨大拉动作用的全国信息产业龙头企业，形成具有国际影响力、具有中国本土文化特色的百年电子商务

---

① 贺雪峰：《中国农业的前途与中国农村发展战略的转变》，《湖湘三农论坛》2008 年第 00 期。

品牌。

电子商务不应仅关注网上的单独发展，还要看当地的产业结构、当地的政府配合、当地的物流支持等。比如，当前，在城镇化步伐不断加快的背景下，电子商务的快速、健康发展就遇到了物流瓶颈。因此，深度推进生态乡村建设还要加强现代物流业发展，大力推进城镇的现代物流信息化建设，从而电子商务的发展与生态乡村的循环经济建设形成良好的动力机制，促进各子系统内的"循环"畅通，避免各子系统"接口"之间的"堵塞"现象。

总之，资本、信息和现代物流等新型市场业态不断涌现，带动和促进了农产品规模化、组织化流通，拓展了市场空间，拉近了农民与市场的距离，应培育和塑造农民成为市场竞争主体，促进农民增收和生态乡村建设。所以，继续坚持与支持生态乡村建设，就要加快乡村电子商务发展，实现乡村物流与现代规模化物流的对接和相互促进。

第三节　生态乡村循环经济发展

一　循环经济模式分析

"循环经济"（Circular Economy）一词，是由美国经济学家 K. 鲍尔丁在 20 世纪 60 年代提出的，指在人、自然资源和科学技术的大系统内，在资源投入、企业生产、产品消费及其废弃的全过程中，把传统的依赖资源消耗的线性增长的经济，转变为依靠生态型资源循环来发展的经济。

第十一届全国人民代表大会常务委员会第四次会议于 2008 年 8 月 29 日通过了《中华人民共和国循环经济促进法》，自 2009 年 1 月 1 日起施行。该法律必将大大促进循环经济在我国的广泛开展。从循环经济的概念来看，循环经济实质上是一种生态经济，循环经济模式改变了传统经济发展模式，实现从"资源—产品—污染排放"式的单向流动向"资源—产品—废物—再生资源—再生产品"的良性循环生产模式的转变，使上一个产品的废弃物成为下一个产品的原料，整个生产过程没有废物排出，从源头上减少了污染物的产生和原材料的损失。

一般认为，从易操作角度来看，循环经济模式有三项主要原则。（1）减量化（Reduce）原则，属输入端方法，即商品生产者与服务提供者在生产商品或提供服务时应尽可能减少资源的使用量，简化包装，减少废弃物的产生和排放。消费者在消费时应优先选择包装简洁、耐用、可循环的产品，减少生活废品的产生和排放。（2）再使用（Reuse）原则，属过程性方法，即商品生产者与服务提供者在生产商品或提供服务时应尽可能以多种方式多次使用资源，避免资源过早成为废弃品。消费者在消费时亦应如此，并尽量避免、减少一次性产品的使用。（3）再循环（Recycle）原则，即资源化原则，属输出端方法，是指将生产、生活废物变为其他形式的资源（如热能），再生利用。

从主体来看，循环经济活动包含三个层次。一是企业内部层次，即企业内部自身通过物质循环，充分利用、节约资源。二是企业间层次，即企业相互之间通过互通有无、取长补短，将对方所谓的"废物"为我所用，实现废物利用最大化。三是社会层次，即整个社会，包括国家、企业和个人，在生产、生活（消费）领域共同努力，减少浪费，节约资源。

循环经济模式体现着生态发展伦理思想。在改造社会的领域，合必然性的对社会的改造，与合人的善的目的，存在离散的可能性。这种可能性，根源于人的利益离散性。现在，在文明发展过程中，遇到的"共同问题"越来越多，这首先要在共同的生存安全问题上形成基于循环经济模式的生态文明范例，在更高层次的文明之路上前行。

循环经济模式范例作为一种新的理念，必然有它相应的实践的基本原则。首先是保护、尊重和发展生态原则。重点应该是支持发展生态环境，主动优化和美化生态环境。其次是合理开发和利用生态资源原则。合理开发和利用就是以不破坏生态系统的内在平衡为前提，即确保对自然资源的开发控制在自然生态系统的承受能力范围内，活动对自然的压迫和损害控制在自然生态系统的自身调节、自身净化的限度内，使经济发展建立在生态平衡的基础上，社会进步建立在人与自然的和谐关系基础上。针对这个原则，有一个重要的问题，即现代消费结构中，"信息性消费"比例将会越来越大，而其中正如有学者分析的那样，会出现所谓"信息性消费的异化现象"，这个现象相应地会造成大量物质浪费，破坏自然环境。这又考验着对发展的社会真相认识的智慧。

最后是补偿自然原则。不可否认，对自然资源的开发利用是建设和绵延文明的必然要求，是社会发展的需要。因此，不可能停止对自然资源的开发利用，并且，随着科学技术的进步还会更加深入地进行开发利用，而在这一开发利用的过程中肯定会对自然资源造成不可避免的破坏。所以，一方面尽量避免对自然资源造成破坏；另一方面更为重要的是，还有责任和能力对某些受害生态系统在"有限和有效"的原则下进行整治、恢复或重建，承担补偿自然的责任。虽然发展会破坏自然生态的天然平衡，但是活动具有创造性，这种创造性的活动加入生态系统，不仅能从人自身需要出发改造自然，而且还能从人与自然的最佳关系的理念出发，使必然地被破坏了的天然生态平衡向更加合理的平衡（即内在有机的平衡）进化。循环经济实际上也就是生态经济，它是解决中国"农村、农民、农业"问题的重要途径。

一般来说，循环经济模式系统构建应包括四个子系统。一是循环经济产业体系。从城乡一体化的角度来看，主要涵盖生态工业、生态农业、生态服务业三大产业，它要求大力推进清洁生产工艺和资源综合利用，大力发展无公害农产品、绿色食品、有机食品，办好乡村生态旅游、绿色饭店和各种绿色服务业。另外，在城镇化过程中，城市产生的废物会转移到乡村，乡村可以本着就近原则和节约原则进行废物有偿处理，循环利用置换，将循环经济扩大到整个城乡一体化的背景中，提高循环经济的发展水平。二是城乡一体的现代物流基础设施系统。在这个过程中，要大力开展节能降耗工作，推广可再生能源，使用新型环保材料。三是生态环保体系。如有效治污、分类回收利用和无害化处理垃圾等。需要重视的是，城市与乡村都应当严格控制排污行为，防止造成大气、土壤和水污染。尤其需要指出的是，应控制化工污染、水污染。四是城乡合作体系。如城乡居民合作，组建消费者合作社，帮助农民生产合作社与市民消费合作社直接谈判，让农民能够以合理价格销售健康食品。再如对城乡各种生产要素进行统筹考虑，整体谋划，系统节约。可以综合开发、再生利用及深度利用城市工业产生的废弃物，化害为利、变废为宝，产生显著的经济效益、社会效益、环境效益，有利于生态文明社会的协调发展。五是要树立全面的城乡一体发展观，整体推进生态乡村建设，大力发展乡村的科技、教育、文化、卫生事业。

在现实中，需因地制宜，选择适合本地的现代农业循环经济模式，大力发展现代农业循环经济，以促进生态乡村建设。比如，可根据各地区地形、气候、资源等的差异，形成多种不同类型的现代循环经济发展模式。

二 生态乡村循环经济发展的关系动力逻辑

生态乡村建设需要大力发展农业循环经济。这一点，也正如仇保兴在《生态文明时代的村镇规划与建设》一文中从具体事例分析我国乡村循环经济发展的路径与意义时指出的，传统农业本身就是一种可持续的循环经济，但如果对农村盲目进行城镇化改造，也会像城市一样产生大量废物。正确的策略是对农村的房子进行节能改建，如在北方农房的朝阳面装上一个玻璃取暖房，或在屋顶装上太阳能热水器，山西、陕西的窑洞是地热能利用最简单的方式，只要进行通风采光改善就可以了。太阳能、生物质能、风能、沼气，这些都是应该在农村推广的可再生能源。农村人口转化为城市居民后，人均能源消耗一般增加3.5倍。如果在农村将可再生能源加以推广利用，保留和改良传统的农业循环经济模式，农村人均的能源消耗和二氧化碳排放量可以减少为城市居民的1/5甚至更低。此外，可再生能源在农村的应用将会成为一个发展迅猛的大产业，也可以成为促进农民就业和发展农村服务业的支柱产业。[①]

此外，生态乡村循环经济建设要坚持关系动力逻辑的整体性协调原则、生物共存互利原则、相生相克趋利避害原则、最大绿色覆盖原则、最小土壤流失原则、土地资源用养保结合原则、资源合理流动与最佳配置原则和社会经济效益与生态环境效益"双赢"原则等。"白色农业"是再循环原则运用的具体体现，"白色农业"目前在乡村运用最典型的就是沼气，将人与畜禽粪便、农业废弃物通过微生物发酵产生沼气，可以生产出无公

---

① 仇保兴：《生态文明时代的村镇规划与建设》，http://www.mohurd.gov.cn/jsbfld/200903/t20090316_187287.html。

害绿色食品、无污染饲料、肥料、农药以及其他能源。

当前深度推进生态乡村循环经济建设中存在一些问题。一是认识不足。主要表现在资本者对发展循环农业经济的意识淡薄，只注重资本项目本身的经济效益，对清洁生产带来的经济效益重视不够。二是缺乏系统规划。在中国城镇化推进中，乡村要把一部分新创造的价值无偿贡献给城市。与非农产业相比，农业更容易成为外部发展成本的受体，一直未形成良性循环发展的良好氛围。三是乡村生态环境有待进一步改善。表现为农业使用物污染和农业废弃物污染，农业耕作时的介质（如农药、农用塑料等）会造成环境污染。工业"三废"对农业环境的污染正在由局部向整体蔓延。不恰当地处理农业废弃物也会对城乡生态环境造成破坏，引起乡村饮水不安全、空气污染等生活质量下降的问题，导致农民居住环境和生产环境的污染加剧。四是农业自然资源紧缺。对循环经济的发展未形成整体规划，大批中小型农业龙头企业对资源掠夺式利用的现象还不能得到有效遏制。而在城镇化扩张过程中造成的惊人浪费，以及城市开发区建设中，盲目招商引资加快城镇化造成的乡村土地资源不断被大量占用，水资源被过量开采，导致生态乡村资源日益短缺。五是食品安全、农产品安全问题。如高污染肥料、农药的使用等，这些严重危及城乡居民身体健康。

农民的循环经济主体意识不强。乡村的很多问题和农民自身的不良生产、生活习惯有紧密联系。农民应当积极参与环境保护，通过学习循环经济、环境保护的知识，提高自身素质和环保意识，在生产、生活中做到节约化，积极实施综合利用，养成文明的生活习惯。

习近平指出，工业化、城镇化、信息化、农业现代化应该齐头并进、相辅相成，千万不要让农业现代化和新农村建设掉了队，否则很难支持全面小康这一片天。如果不把社会主义新农村建起来，不把农业现代化搞上去，现代化事业就有缺失，全面小康就没有达标。[①]

我国农业现代化的真实含义在于：要想用仅占全球 7% 的耕地、7% 的淡水资源来支撑占全球 21% 人口的中华民族的生存和发展，就必须留得住

---

① 习近平：《不要让农业现代化和新农村建设掉队》，http://news.sina.com.cn/c/2014 - 03 - 17/232129729132.shtml。

农民，留得住农业生产和生态空间，即农村的耕地、林地、水源地等。而且要建立起人与自然和谐相处的农业和农村发展的新模式，即生态文明时代农业发展的新模式。这是我国根本的和长期的战略任务之一，也能为我国农村、农民、农业问题的解决带来许多新的机遇。从先行国家的经验来看，也可以得出同样的结论。如日本1980年制定的"农改基本原则"，主张农村要发挥五大功能，即：供给粮食；适度配置人口，维护社会均衡；有效利用资源，提供就业场所；提供绿地空间，形成自然植被；维护文化传统。[①]

显然，发展农业循环经济是与新农村建设要求相一致的，是解决"三农"问题、保护农村生态环境、实现农业可持续发展的必然选择。[②] 当前，要构建生态乡村循环经济发展和新农村建设的强关系动力。

社会主义新农村建设是指在社会主义制度下，按照新时代的要求，对农村进行经济、政治、文化和社会等方面的建设，最终实现把农村建设成为经济繁荣、设施完善、环境优美、文明和谐的社会主义新农村的目标。"社会主义新农村"这一概念，早在20世纪50年代就提出过。20世纪80年代初，我国提出"小康社会"概念，其中建设社会主义新农村就是建设小康社会的重要内容之一。十六届五中全会所提出的建设"社会主义新农村"，则是在新的历史背景下，在全新理念指导下的一次农村综合变革的新起点。

现在国家已经投入大量的资金、人力、物力、技术，开展新农村建设，让示范村的主体得到了全方位的提升。通过这些示范村的建设，改变了思维方式，不管是对基础保障还是对村容整理，不管是在让主体享受丰富的文化还是提升主体的总体水平方面，都有非常重要的作用。这种示范模式尽管对这些村的发展起到了积极的、巨大的推动作用，但这种模式是不可简单复制的。在一定程度上，示范村的建设对其他村的建设缺乏指导性，这种建设模式可能负面作用更大些，所起到的作用未必与这么大的投

---

① 仇保兴：《生态文明时代的村镇规划与建设》，http：//www.mohurd.gov.cn/jsbfld/200903/t20090316_ 187287.html
② 李娅、杨文生：《发展农业循环经济：建设社会主义新农村的必然选择 》，《国际技术经济研究》2007年第1期。

入相对等，特别是对于示范村的示范效用已经大打折扣。

因此，新农村建设不能追求政绩工程，不能为了追求领导喜欢的外在美而忽略了新的深刻内涵的建设。要分析新农村建设过程中存在的问题并寻求解决途径，实现新农村建设最终目标，必须按照整体的思路推进。特别是把主体、农业统一进行考虑，并且要充分发挥主体的主观能动性，只有这样才能实现新农村建设的总体目标。

生态乡村循环经济建设包括许多方面的内容，需要各发展主体的合作。各发展主体不断突破各自狭小的地域局限，坚持以平等、自愿为原则，聚集政府、社会团体、事业单位、企业以及广大主体的聪明才智和力量。其中重要的是从改变主体自身的内在需求和内在素质着手，通过思想观念的进步来改变主体的精神面貌和调动其实践热情。通过人力资本投资全面提升主体的思想文化素质和科技素质，特别是改变主体几十年家庭承包形成的"自我""独我"观念，让每个村都变成一个强有力的生态发展集体。

生态乡村循环经济强调人类在生产和发展过程中必须自觉承担保护生态环境的共同责任，并为了实现这样一个目标而协调行动。在利用自然的过程中，要根据自然能够持续发展的自有规律对其进行修复。依据物质流的循环过程和自然自身的发展过程，循环经济范畴的物质生产就突破了人类中心主义的范式，将物质生产过程融入利用自然和修复自然这种和谐共生的生态信仰文化自觉中。生态信仰文化正是这种人类文化能力的新的进步，正是人类所特有的文化动力，可以把更广泛的关系动力因素集中到生态乡村发展中，共同承担生态发展的义务，在乡村生态发展责任的担当中起到重要作用。

三 生态乡村循环经济建设对策分析

（一）从"制度利益"构想生态乡村循环经济建设的共同愿景

生态乡村循环经济建设的良好开展和实施，需要具体的、具有较强可操作性的制度框架或者强有力的政策推行者，这实际上是对政府在生态乡村循环经济建设中的核心职能的描述和要求。在生态乡村循环经济建设中，政策往往与利益联系在一起，利益活动是否活跃在一定程度上反映了制度的有效性。"制度提供了人类相互关联影响的框架，它们确定了构成一个社会或更确切地讲，一种经济秩序的合作与竞争关系。实际上，制度是个人与资本存量、物品与劳动产出及收入分配之间的过滤器。"① "制度利益"，顾名思义即由于制度设计优势或缺陷而形成或产生的利益，可以表现为利润、垄断、福利或荣誉等。在生态乡村循环经济建设中，最大、最有影响力的制度设计在于政府主体，从"制度利益"方面为物质与精神鼓励原则开辟道路需要政府部门的管理创新。因此，生态乡村循环经济建设需要体现主体共同的努力、愿望、价值、使命感，构建生态乡村循环经济建设的"共同愿景"。

随着我国公民社会日益成熟和社会进步，社会组织（包括民间组织）正在成为一支最基本、最活跃的建设力量。在新公共管理运动、新公共服务以及治理理论的推动下，西方发达国家推行"小政府、大社会"的管理体制，推动社会组织参与社会管理和公共服务。党的十八大以来，中央对社会组织改革发展作出一系列重大决策部署，明确提出社会组织是国家治理体系和治理能力现代化的有机组成部分，是社会治理的重要主体和依托，加快形成政社分开、权责明确、依法自治的现代社会组织体制，充分激发和释放社会活力。要结合行政体制改革和政府职能转变，将适合由社会组织提供的公共服务和解决的事项，交由社会组织承担，为社会组织发挥作用提供空间。这对我国构建生态乡村循环经济建设的"共同愿景"有积极启示。②

因此，从"制度利益"导向与保障方面，实现政府管理体制机制创新，建立、健全有利于城镇化下的生态乡村循环经济发展的政策和法律体系；建立和健全完善循环经济建设的引导机制，优化资源在城乡之间的配置。同时，增加农业的财政投入，推动乡村金融市场化改革，建立循环型农业推进组织，加强农业基础设施建设和农业环境管理，为循环农业提供一个良好的发展环境；完善对社会组织尤其是乡村民间组织的"制度利

---

① North, D., *Structure and Change in Economic History*, Yale University Press,1983, p. 202.
② 李立国：《改革社会组织管理制度 激发和释放社会发展》，http://www.chinanpo.gov.cn/3201/77048/index. html。

益"支持体系，推进乡村社会化组织服务体系建设，制定相应的政策保障体系与扶持措施；努力增强其在生态乡村循环经济建设中的活力、动力，变政府主导为多元主导；强化对生态乡村基础设施和生态环境的保护，建立对乡村生态环境维护费用的补偿机制。这些措施推进生态乡村循环经济建设共同愿景的广度和深度有重要价值。

（二）高度重视和实现循环经济发展的生态规划

当前国人的钱包日益鼓起来以后，也越来越深切地体会到，物质丰富并不是生活质量的全部，清新的空气、干净的水、宜居环境、放心食品也是幸福的必备元素。良好的生态环境是农业之本、农民的生存之本。乡村居民的生理健康在很大程度上依赖周边良好的环境，维持干净的水、土壤、良好的生态系统应成为村镇规划的主要目的。这也将成为脱贫致富之后农民的第一需求。

然而，乡村生态建设任务艰巨。比如，乡村环境保护压力很大，生活污水、畜禽粪便、农药化肥残留等，成为老百姓普遍关心的问题。当前，乡村生态保护和环境污染治理越来越为老百姓所关注。习近平就改善农村人居环境问题指出，各地开展新农村建设，应坚持因地制宜、分类指导，规划先行、完善机制，突出重点、统筹协调，通过长期艰苦努力，全面改善农村生产生活条件。[①] 因此，必须高度重视制定与完善实现循环经济发展的生态规划。

"生态"意识属于一种发展观中的高层次的生态、理性意识。以生态乡村循环经济建设中的生产、生活、生态作为考察的指标，要在合理的生态规划布局之下，追求环境利益与经济利益的统一。要求加强空间规划和产业规划结合的具体操作与契合，制定和完善生态乡村循环经济建设的生态规划。然而较之于城市规划建设，乡村建设缺少建设、管理部门甚至规划、设计机构的积极介入和引导，出现了许多问题。比如，村落布局是人们在长期生产、生活中慢慢形成和约定俗成的一种地域文化习俗、社会伦

[①] 《习近平就改善农村人居环境作出重要指示　李克强作批示》，http://www.gov.cn/ldhd/2013-10/09/content_2502912.htm。

理生活方式以及审美意识的集成。从生态设计角度看，现有的布局更多地表现出适应自然地理位置、地形、气候特点等方法，还有不少应该改进的地方。其中，一个重要的普遍现象是农民与土地的关系是农民在选择居住地时首要考虑的条件。为了耕作方便，乡村居民较远离集中居住区域，相对分散。从生活角度来看，这种布局模式使公共服务设施成本加大。而近些年，随着农民收入的稳步增长，中国乡村兴起一股建房热，所到乡村，到处都在建新房。许多有历史及文化承载的老房子被推倒，建造成钢筋混凝土堆砌成的多层新楼，越来越失去乡村生活的特色了。

人生活在地球上，各有大小不同的生活环境，而"居住地点"的生活环境是最重要的，人定居在哪里，哪里的环境就有可能影响他的一生。丘吉尔有句名言："首先是人们造建筑，然后是建筑造就人。"在东方传统的环境思想中，也一样看重居住地的环境，有对环境的顺应，也有对环境的营造。人们常说"只有安居，才能乐业"，"屋是主人，人是客人"。由于缺少空间和景观上的协调和规划，乡村人居环境整体上杂乱无章。公共绿地、公共设施的空间很少，尤其是垃圾处理、饮用水和排污设施。不讲究与环境和自然相协调，形成了单调重复的乡村建筑风格。至于卫生条件更不讲究，房前屋后垃圾遍地、污水横流。楼房虽然是新的，生活陋习却依然如故。这样放任无序地进行乡村建设，反映了很多乡民的居住观念还停留在旧时代。不断改善农村人居环境，与生态乡村循环经济建设密切结合起来，充分利用村庄原有的设施、原有的条件、原有的基础。按照公益性、急需性和可承受性的原则，改善农民最基本的生产生活条件，重视生态规划，重点解决乡村盲目建房的问题，全面改善农村人居条件，与环境相协调，有利于生产生活，这样的乡村人居建设应该是鼓励农民追求的目标。

采用集约、规模化生产方式的现代化大生产的一个标志，生态规划上就是要坚持适度规模化的原则。形成一套适应当地情况，与生态环境和谐共存、可持续发展的规模化方式，避免片面求大、集中统一。事实上，一些地方存在片面求大的趋向，如盲目地进行牲畜的集中养殖，片面地进行人畜分离。美国"世界观察研究所"于2006年1月11日发表的《2006年世界现状年度报告》指出，封闭式的大规模生产反而为家畜疾病的传播提供了绝佳条件……对全球肉类工业的重新思考，不仅意味着采取安全措施防止疾病的爆发，更重要的是转变禽畜产业的生产模式和观念，大力提倡小规模的农户养殖。一个可悲的事实是，规模越大、资本越密集、越是中央集权的项目所要求的权力就越大，追随者也会越多……其结果是对充满实践性、主动性、随机性、多样性和非线性的农业农村的真实生产和生活模式的破坏。[①] 所以，循环经济建设的生态规划要更多地考虑村镇与水源、农田分布、地区气候以及人居文化之间的辩证关系。

"循环型"生态区是生态乡村循环经济建设中的主要构成要素，也是生态乡村循环经济建设中形成与发展的一种主导力量，对提高循环经济的效率有着积极的能动作用。因此，从符合整体发展要求、高效运行的基础设施网络的关系动力出发，因地制宜，合理规划园区的时空布局与产业布局。

实际上，早在 20 世纪 30 年代，苏联大规模推行"集体农庄"的失败，清晰地说明了那些疯狂不切实际的规划与乌托邦抽象的幻想相匹配的恶果。那时"专家"们往往只要有地图和很少几个关于规模和机械化的假设就可以编制规划，无须参考地方和气候条件。一个典型的例子是根据上级指示，12 位农学家要在 20 天内为一个县制订出操作层面的生产计划，他们完全不离开办公室，也不到实地考察，将 8 万公顷的土地分成 32 个相等的正方形，每个正方形为 2500 公顷。每个正方形就是一个集体农庄，根本不管土地上的定居点、村庄、河流、山丘、沼泽等自然地形特征。[②] 类似的错误也正在我国重现。

所以，我们必须根据本地的经济发展水平以及资源禀赋等客观条件，选择和创造适合本地的绿色规划模式。要统筹规划，对生态乡村农产品绿色生态规划体系作出功能定位与宏观规划，避免区位内产业的恶性竞争，以使该生态规划资源得到高效率的使用和配置，集约资源，力求实现整个生态规划的效益最大化。村庄周边的区域对农民的资源供应能力、

---

① Boyce, J. K., "Birth of a Megaproject: Political Economy of Flood Control in Bangladesh," *Environmental Management*, 1990 (4): 419 – 428.

② Sheila Fitzpatrick, *Stalin's Peasants: Resistance and Survival in the Russian Village After Collectivization*, Oxford University Press, 1996, pp. 105 – 106.

与农业农村的生态共生能力和废物吸收分解能力是限定的，所以村镇规划必须更加重视"生态的承载力"。与城市的情况不同，城市是通过技术和工程手段改造出的一种人工生态复合环境，农村、农业则要通过保留、保护的办法来维护与人类共生的生态环境。当前，需要特别注意的是，在生态区建设规划中，尊重和保护农民以土地为核心的财产权利，反对权力资本和金融资本联姻侵占农民利益，严厉禁止以建设之名搞圈地开发。

（三）实现生态乡村循环经济建设的多元投资

生态乡村循环经济建设和发展离不开资本拉动。实际上，生态乡村循环经济建设需要大量的投入，必须破解建设资金缺口大的难题。要大胆开拓创新，积极探索建立多元化投入新机制，丰富资本筹措渠道，确保生态乡村循环经济建设顺利推进。

政府作为主要资本力量为生态乡村循环经济的建设与发展提供一个基本资本保障，领导生态乡村循环经济建设。这是生态乡村循环经济建设的核心和先决条件，集中体现了政府的职能。但是，当前，在生态乡村循环经济建设过程中，主体主要是乡镇政府。地方政府封锁和部门行业垄断对生态乡村循环经济建设的多元资本整合和运作形成体制性障碍。可以说，如果生态乡村循环经济建设由政府大包大揽，可以看到，受局部和眼前的利益驱使，必定会盲目求快，搞形式主义，不可持续，导致生态乡村循环经济建设由政府唱独角戏，政府一抓、一重视就灵；一旦政府的形象工程建设完、应付完检查之后，一些基础设施就没人管理，荒废了，造成资源浪费。

仇保兴在《生态文明时代的村镇规划与建设》中分析了先行国家的教训并指出，由政府包办村镇的基础设施与公共服务设施是一种不合理的公共服务模式。应依据分散、小型、多元、循环的特征给予村镇财政补助支持，充分发挥村民自主、自力更生建设家园的积极性。[1] 生态乡村循环经

---

[1] 仇保兴：《生态文明时代的村镇规划与建设》，http：//www.mohurd.gov.cn/jsbfld/200903/t20090316_187287.html。

济建设必须所有关联方协同起来，建立多元化资本投资机制。只有建立流畅的资本动力机制，才能有效地增强各方的优势。这样，从关系动力逻辑的角度，一方面，生态乡村循环经济建设的总体资本构想要能够科学展示各个层次的主体力量及功能定位，把生态乡村循环经济建设的长远性和全局性有机联系起来；另一方面，政府要引导生态乡村循环经济方向，鼓励和支持资本投资，保护资本方利益，充分发挥多元资本主体的积极性。这就需要面向生态乡村循环经济建设进行制度创新研究。

制度创新所创造的效益应是涵盖经济、社会、生态等方面的综合效益，寻求的是城乡居民的美好生活的持续化，它所产生的推动力也将促进政府、企业、个人，以及城市与乡村之间的全面合作。这种制度创新不是追求纯经济效益最大化，不仅不能加剧对资源的掠夺和对环境的破坏，而且必须实现城乡资源再生产与持续利用，以及对自然环境的维持与保护，兼顾社会效益以及经济社会可持续发展。

参考文献

马克思、恩格斯：《共产党宣言》，人民出版社，1997。

马克思：《资本论》第1卷，人民出版社，2004。

马克思：《1844年经济学哲学手稿》，人民出版社，2000。

马克思、恩格斯：《德意志意识形态》，人民出版社，2003。

《马克思恩格斯选集》第1卷，人民出版社，1995。

《马克思恩格斯全集》第2卷，人民出版社，1957。

《马克思恩格斯全集》第3卷，人民出版社，1972。

《马克思恩格斯全集》第3卷，人民出版社，2002。

《马克思恩格斯全集》第6卷，人民出版社，1961。

《马克思恩格斯全集》第13卷，人民出版社，1962。

《马克思恩格斯全集》第23卷，人民出版社，1972。

《马克思恩格斯全集》第42卷，人民出版社，1979。

边燕杰：《关系社会学及其学科地位》，《西安交通大学学报》2010年第3期。

陈朝宗：《关系哲学：21世纪的哲学》，《理论学习月刊》1994年第2期。

陈力丹：《"距离"在传播学中的概念及应用——关于大众传播中"距离"的讨论》，《国际新闻界》2009年第6期。

陈中立：《论可持续发展的过程性》，《中国社会科学院研究生院学报》2005年第6期。

《辞海》（下），上海辞书出版社，1989。

《德汉词典》，上海译文出版社，1987。

崔义中、李维维：《马克思主义生态文明视角下的生态权利冲突分析》,《河北学刊》2010 年第 5 期。

冯光耀:《生态文明建设中的生态非理性向度》,《甘肃理论学刊》2011 年第 4 期。

盖光:《论主客体的生态性结构》,《东岳论丛》2005 年第 6 期。

郭国祥:《论科学精神与人文精神的当代融通》,《学术论坛》2005 年第 1 期。

贺雪峰:《中国农业的前途与中国农村发展战略的转变》,《湖湘三农论坛》2008 年第 00 期。

胡锦涛:《坚定不移沿着中国特色社会主义道路前进 为全面建成小康社会而奋斗——在中国共产党第十八次全国代表大会上的报告》,《人民日报》2012 年 11 月 18 日第 2 版。

胡以志、武军:《"我从来都不赞成城市之间的竞争"——对话约翰·弗里德曼教授》,《国际城市规划》2011 年第 5 期。

湖南省中国特色社会主义理论体系研究中心:《文化视野中的大学德育创新视点》,《光明日报》2009 年 11 月 21 日第 7 版。

纪宝成:《功利主义让校园陷于喧嚣和浮躁》,《中国教育报》2010 年 12 月 6 日第 2 版。

蓝华生:《生态权利观的多元聚焦与差异整合》,《华南农业大学学报》2012 年第 4 期。

蓝楠:《思想政治教育视野下公民意识教育研究》,中国地质大学硕士学位论文,2012。

李惠斌:《生态权利与生态正义—— 一个马克思主义的研究视角》,《新视野》2008 年第 5 期。

李建华、肖毅:《自然权利存在何以可能》,《科学技术与辩证法》2005 年第 1 期。

李娅、杨文生:《发展农业循环经济:建设社会主义新农村的必然选择》,《国际技术经济研究》2007 年第 1 期。

刘志山:《当前我国高校德育的困境和出路》,《华中师范大学学报》(人文社会科学版)2005 年第 3 期。

流心:《自我的他性:当代中国的自我系谱》,常姝译,上海人民出版社，2005。

陆有铨：《从学位论文看基础教育研究中的若干问题》，《教育学报》2008 年第 4 期。

卢艳玲：《绿色发展视域下的绿色文化构建》，《洛阳师范学院学报》2013 年第 1 期。

罗荣渠：《现代化新论：世界与中国的现代化进程》，商务印书馆，2004。

莫神星：《借鉴外国环境权立法，在我国法律中确立和完善公民的环境权》，《华东理工大学学报》2004 年第 1 期。

牛小侠：《简述马克思的"有限性"思想及其意义》，《哲学研究》2012 年第 2 期。

彭定光、左高山：《当代道德教育的困境与出路——访万俊人教授》，《现代大学教育》2003 年第 4 期。

秦亚青：《关系本位与过程建构：将中国理念植入国际关系理论》，《中国社会科学》2009 年第 3 期。

卿倩萍：《大学生生态人格培育研究》，广西师范大学硕士学位论文，2012。

孙大伟：《生态危机的第三维反思》，北京林业大学硕士学位论文，2009。

滕守尧：《文化的边缘》，作家出版社，1997。

王树义：《俄罗斯生态法》，武汉大学出版社，2001。

王玉樑：《价值哲学新探》，陕西人民教育出版社，1993。

魏长领：《道德信仰与自我超越》，河南人民出版社，2004。

邬焜：《信息哲学——理论、体系与方法》，商务印书馆，2005。

向德平：《科学的社会价值》，浙江科学技术出版社，1998。

袁贵仁：《关于价值与文化问题》，《河北学刊》2005 年第 1 期。

曾正德：《历代中央领导集体对建设中国特色社会主义生态文明的探索》，《南京林业大学学报》（人文社会科学版）2007 年第 4 期。

张坤民：《可持续发展论》，中国环境科学出版社，1997。

张秀玲：《思想政治教育的生态价值探究》，中共山东省委党校硕士学位论文，2011。

郑又贤：《可持续发展及其哲学意蕴新探》，《福建论坛》（文史哲版）1998年第5期。

中国社会科学院语言研究所词典编辑室：《现代汉语词典》（增补本），商务印书馆，2002。

《朱光潜全集》（第10卷），安徽教育出版社，1987。

李立国：《创新社会治理体制》，http：//www. qstheory. cn/zxdk/2013/201324/201312/t20131212_ 301550. htm。

仇保兴：《生态文明时代的村镇规划与建设》，http：//www. mohurd. gov. cn/jsbfld/200903/t20090316_ 187287. html。

城乡信息一体化战略发展论坛，http：//www. chinavalue. net/Group/5896。

李立国：《改革社会组织管理制度 激发和释放社会发展》，http：//www. chinanpo. gov. cn/3201/77048/index. html。

孙晓莉：《社会治理模式的变迁》，http：//www. china. com. cn/chinese/zhuanti/xxsb/884342. htm。

习近平：《不要让农业现代化和新农村建设掉队》，http：//news. sina. com. cn/c/2014 -03 -17/232129729132. shtml。

《习近平就改善农村人居环境作出重要指示 李克强作批示》，http：//www. gov. cn/ldhd/2013 -10/09/content_ 2502912. htm。

温家宝：《中国农业和农村的发展道路》，http：//www. moa. gov. cn/zwllm/zwdt/201201/t20120117_ 2458139. htm。

朱进芳：《社会治理模式创新及实现条件》，http：//stj. sh. gov. cn/Info. aspx？ReportId =701fa246 -f91c -48b2 -98c8 -4bb5e0d26836。

大卫·哈维：《希望的空间》，胡大平译，南京大学出版社，2006。

丹尼尔·A. 科尔曼：《生态政治——建设一个绿色社会》，上海译文出版社，2002。

《狄尔泰全集》第7卷，转引自张汝伦《意义的探究 当代西方释义学》，辽宁人民出版社，1996，第49页。

怀特海：《过程与实在》，转引自周邦宪《初议〈过程—关系哲学〉》，《华中科技大学学报》（社会科学版）2009年第1期。

卡斯特·曼纽尔：《网络社会的崛起》，夏铸九等译，社会科学文献出版社，2001。

李秋零主编《康德著作全集第9卷——逻辑学、自然地理学、教育学》，中国人民大学出版社，2010。

克洛德．阿莱格尔：《城市生态，乡村生态》，商务印书馆，2003。

莱斯特·R.布朗：《B模式2.0：拯救地球　延续文明》，林自新、暴永宁等译，东方出版社，2005。

乔治·萨顿：《科学的生命》，商务印书馆，1987。

小约翰·B.科布：《走出经济学和生态学对立之深谷》，马李芳译，广西师范大学出版社，2003。

尤尔根·哈贝马斯：《交往行动理论》第1卷，重庆出版社，1993。

尤尔根·哈贝马斯：《交往与社会进化》，重庆出版社，1989。

詹姆斯·C.斯科特：《国家的视角——那些试图改善人类状况的项目是如何失败的》，王晓毅译，社会科学文献出版社，2004。

Bian, Y., "Guanxi Capital and Social Eating: Theoretical Models and Empirical Analyses," in N. Lin, K. Cook & R. Burt (Eds.), *Social Capital: Theory and Research*, New York: Aldine de Gruyter, 2001, pp. 275 – 295.

Bian, Y., "Guanxi," in J. Beckert & M. Zafirovski (Eds.), *International Encyclopedia of Economic Sociology*, London: Routledge, 2006, pp. 312 – 314.

Boyce, J. K., "Birth of a Megaproject: Political Economy of Flood Control in Bangladesh," *Environmental Management*, 1990 (4): 419 – 428.

James K. Boyce, "Birth of a Megaproject: Political Economy of Flood Control in Bangladesh," *Environmental Management*, 1990 (4): 419 – 428.

David Harvey, *The Condition of Postmodernity: An Enquiry into the Origins of Cultural Change*, Wiley – Blackwell, 1990, p. 12.

Ebenezer Howard, *Garden Cities of To – Morrow*, Cambridge, MA: The MIT Press, 1965, pp. 33 – 35.

Erich Fromm, *The Revolution of Hope: Towards a Humanized Technology*, New York: Harper & Row, 1968, p. 41.

Harvey, D., *Space of Hope*, Edinburgh: Edinburgh University Press,

2000, p. 34.

Lefebvre, H. , *The Production of Space*, Translated by D. Nicholson Smith, Original Work Published, 1974, Oxford:Blackwell, 1991, pp. 33 – 39.

Murray Bookchin, "What is Soicalecology?" in Michael E. Zimmerman (ed.), *Environmental Philosophy*, Prentic – Hall, Inc. , 1993, pp. 359 – 361.

North, D. , *Structure and Change in Economic History*, Yale University Press, 1983, p. 202.

Sheila Fitzpatrick, *Stalin's Peasants: Resistance and Survival in the Russian Village After Collectivization*, Oxford University Press, 1996, pp. 105 – 106.

Smith, Keefe, "Geography, Marx and the Concept of Nature," *Antipode*, 1989 (12): 30 – 39.

Yang, M. , *Gifts, Favors, and Banquets: The Art of Social Relationships in China*, Ithaca, NY: Cornell University Press, 1994.

后　记

　　本书研究的思路是把"距离"这个概念引入哲学、人文社会学领域，探讨由距离范畴导致的"关系"现象，以及生成的"关系动力"，包括从关系的"关系"这一元问题来探讨"距离逻辑"。在理论层面上，力图对当下盛行的极具批判力量的文化批评、生态批评进行创造性的整合，发出应有的社会批判力量，并试图使当下社会批判的主导运作方式，即所谓文化批评超越自身的封闭性，在和生态与信仰的对话中，使人文反思获得更为厚实的"生态信仰文化"基础和更为广阔的思考空间。本书还意在尝试会通本体论视野与价值论，力图对当下的现实尤其是中国的现实，包括全球范围内不见趋缓的社会冲突、日益加剧的生态冲突，作出自己的理论判断。与此相关，力图探究这些冲突及资本增值下社会发展的深层生态信仰文化关联。其中，还力图充分调动中国的思想资源，为当今一些问题作出中国式阐释。

　　本书研究人的实践关系的距离逻辑，把社会实践看做建立和处理人与自然、人与社会、人与人之间的整体关系的一致活动。当代科学还没有完全进入事物关系的整体认识，以至于常常把握不好、处理不好事物的整体关系，于是，关系之间出现种种冲突便不可避免。距离逻辑下社会实践的合理性具体表现为消除人与自然、人与社会、人与人之间的对立。其中的一个重要方面就是研究社会实践主体、社会实践客体与社会实践中介的产生、发展和相互作用的"三元一致"逻辑。当把"三元一致"的强关系上升到世界观范畴，距离逻辑下自然科学理性与人文、价值理性是可以统一的，从而导致工具理性和价值理性的真正统一。用这种理性精神作为人类历史和社会发展的全部实践基础和根据及历史进步的动因和尺度，在社会实践中建立"三元一致"的关系，社会实践主体和客体经社会实践中介关系的辩证转化及相互规定、说明与生成，在共同的价值中沟通才都具有完整的共同的普遍性。

众所周知，人与自然之间关系的"天人二分"的哲学思想将人与自然对立起来，使人获得了研究客体的主体地位。这就为近现代科技的发展提供了思想基础，而科技发明则为主体进一步认识客体提供了手段。正是在这种距离的相互作用之下，随着科技的发展以及现代通信工具、传媒手段的出现，世界发生了翻天覆地的变化，全球一体化时代到来成了必然。

然而，随着主体对客体认识与实践的深入，人与人、人与自然之间的距离被大大消解。同时，在全球化时代，时空距离也越来越近，世界存在的同质化成为必然趋势，生态的多样性面临严峻的考验；而在各种利益的驱动下，不同宗教、民族文化之间的交往关系距离越来越远，冲突也不断升级。

我们看到，无论从个人微观的心境还是民族文化方面以至社会发展方面，出现的这一切，应该说与没有处理好"距离"问题不无关系。

"距离"是认识与实践活动的一个重要维度，"距离"的生成以及"保持距离"是人类共同生活的基本条件之一。比如，在生活中，无论在身体上还是在言语上，如果忽视了人们对距离的存在，都将导致交往关系的问题。处理好"距离逻辑"、关系动力问题，已是解决当前生态与生活问题，构建和谐关系之肯綮。

这里，还要特别表达一下我的感谢。

首先十分感谢学院汪晓莺院长对我的帮助！从思政部到马克思主义学院，她的梦想与奋斗、对工作的经营，在社会大环境、学校小环境里或兴致盎然或孤独地坚守对学术的尊重与热爱，让我很受教育与启迪！

还要感谢在如家般的，充满思考、辩论与友谊的工作集体中同事对我的帮助与支持！而自来到东华理工大学从事教学工作以来也得到了学校领导很多的鼓励与支持，让我觉得无以回报，很是惭愧！只能连声"谢谢"！！

这本书首先是受我来东华理工大学工作的"博士科研启动基金"资助的。最初我本来没有想过出专著进行基金项目结题，也是阴差阳错，再加上对所谓著作等身有一种先置的天真朴实的向往，所以，决定完成它！

需要说明的是，在本书写作过程中，随着我参与的相关科研项目的进展，修改了本书原初的作为博士科研启动项目申请书的部分主题设计，从而把本书的行文布局及主题选择对接到我参与的整个项目体系之中了，诸如东华理工大学的"马克思主义理论重点学科"项目、"校级科研创新团队（培育团队）"的"马克思主义生态理论与发展"项目和"江西省高校人文社科项目规划基金项目"以及"马克思人与自然关系的社会内涵与当代价值研究"4个项目的资助。

在此我对资助本书出版的4个项目的各级管理者及相关专家学者表达真挚的谢意！

这是我的第二部书。实际上，它已不仅仅作为我的博士科研启动基金的结题，而是与我入校以来参与的相关基金项目结合在一起成了若干科研项目的研究成果集合，表达了一些思考长久的思想。应该承认，因为时间关系，还是有些仓促，只待以后完善了。

最后，感谢社会科学文献出版社社会政法分社曹义恒总编辑和本书责任编辑单远举老师的辛苦工作，以及社会科学文献出版社对我的再次支持！

蔡东伟

2014 年 9 月 1 日

图书在版编目（CIP）数据

社会发展中的距离逻辑及关系动力 / 蔡东伟著 . —北京：社会
科学文献出版社，2014.11
ISBN 978 - 7 - 5097 - 6658 - 3

Ⅰ.①社…　Ⅱ.①蔡…　Ⅲ.①生态学 −社会学 −研究 ②社
会生活 −逻辑学 −研究　Ⅳ.①B81 − 05 ②Q14 − 05

中国版本图书馆 CIP 数据核字（2014）第 242152 号

社会发展中的距离逻辑及关系动力

著　　者／蔡东伟

出 版 人／谢寿光
项目统筹／曹义恒
责任编辑／单远举　曹义恒

出　　版／社会科学文献出版社 · 社会政法分社（010）59367156
　　　　　地址：北京市北三环中路甲 29 号院华龙大厦　邮编：100029
　　　　　网址：www.ssap.com.cn
发　　行／市场营销中心（010）59367081　59367090
　　　　　读者服务中心（010）59367028
印　　装／三河市尚艺印装有限公司

规　　格／开本：787mm × 1092mm　1/16
　　　　　印张：15.5　字数：242 千字
版　　次／2014 年 11 月第 1 版　2014 年 11 月第 1 次印刷
书　　号／ISBN 978 - 7 - 5097 - 6658 - 3
定　　价／65.00 元